匹配 OR 错位

身体是世界的密码

[英] 彼得·格鲁克曼　马克·汉森　著

李　静　马　晶　等译

上海科学技术文献出版社
Shanghai Scientific and Technological Literature Press

图书在版编目（CIP）数据

匹配 or 错位：身体是世界的密码／（英）彼得·格鲁克曼，
（英）马克·汉森著；李静等译．—上海：上海科学技术文献
出版社，2022
ISBN 978-7-5439-8445-5

Ⅰ.① 匹… Ⅱ.①彼…②马…③李… Ⅲ.①遗传学—
青少年读物 Ⅳ.① Q3-49

中国版本图书馆 CIP 数据核字 (2021) 第 213280 号

Mismatch – Why Our World No Longer Fits Our Bodies

© Peter Gluckman and Mark Hanson
Foreword © Robert Winston, 2006

Copyright in the Chinese language translation (Simplified character rights only) ©
2022 Shanghai Scientific & Technological Literature Press

图字：09-2021-0821

选题策划：张　树
责任编辑：詹顺婉
封面设计：留白文化

匹配 or 错位： 身体是世界的密码
[英]彼得·格鲁克曼　马克·汉森 著 李 静　马 晶　等译
出版发行　上海科学技术文献出版社
地　　址　上海市长乐路 746 号
邮政编码　200040
经　　销　全国新华书店
印　　刷　商务印书馆上海印刷有限公司
开　　本　650mm×900mm　1/16
印　　张　15.75
字　　数　182 000
版　　次　2022 年 3 月第 1 版　2022 年 3 月第 1 次印刷
书　　号　ISBN 978-7-5439-8445-5
定　　价　58.00 元
http://www.sstlp.com

莎士比亚曾经写道:"人是一件多么了不起的杰作! ……宇宙的精华! 万物的灵长! "然而, 现代社会中, 我们却被诸如糖尿病、肥胖症等各种各样的健康问题困扰。我们的身体是否已经无法适应这个世界? 我们的身体与环境产生了错位, 有可能解决这些问题吗? 本书的作者彼得·格鲁克曼和马克·汉森引用进化生物学、医学、人类学和生态学的研究成果, 引领我们开启探索人类与其生存环境间微妙关系的奇妙之旅。

■ 序 言

在《绅士特里斯舛·项狄的生平与见解》（*The Life and Opinions of Tristram Shandy*）第一章的开头，主人公项狄有这样一段话："我希望我的父亲或母亲，或者他们两人，都意识到了他们怀我的时候，自己是在干什么，因为对于这件事情，他们俩都是责无旁贷的；如果他们适当地考虑过他们当时的所作所为是多么地事关重大；——这不仅仅牵涉到一个理性生命的产生，而且还可能关系到他的健全的体格和气质，或许还旁及他的精神和思想模式……"

1759 年，正是劳伦斯·斯特恩（Lawrence Sterne）奋笔创作该书之时，然而这种观点——在母体受孕或是胎儿发育阶段，外界因素不仅影响孕育的结果还将影响孩子出生后的性状——在最早有文字记载的时代便已开始流传。苏美尔刻有楔形文字的泥板书和古埃及的纸草书上都有此类记载。《圣经·创世纪》中提到，雅各（Jacob）希望拉班（Laban）的白色羊群中能够诞生出带斑点的小羊（很可能是隐性遗传特征），于是让怀孕的母羊整日对着长有斑纹的树枝，也暗示了此种说法的确早已广为流传。

格里戈·孟德尔（Gregor Mendel），去世于 1884 年，曾在奥地利的布鲁恩做过修士，热爱园艺。他的发现引发了人们对于遗传更加"理性"的认识。然而直到他去世十几年后，此时距离他提出自己的研究结果已过去了 40 多年，他的实验结论才真正被世人所接受。孟德尔用大约 2.8 万株豌豆进行了细致的实验，并得出了"基因是遗传单位"的结论，相关的遗传定律也因此被冠以他的名字。孟德尔遗传定律以及达尔文（早于孟德尔两年辞世，他有可能对孟德尔颇有争议的研究有所耳闻）越来越重要的生物进化理论彻底改变了人们对于遗传特征的认识。

　　然而，这些理念并不是一出现便被广泛认可。直到 20 世纪 20 年代，人们才承认群体的基因变异源自基因突变或改变。表型改变，即生物结构或是外观上的改变，是一个渐进的过程，它保留了使生物能更好地适应其生存环境的遗传特征，是生物应对自然选择压力的结果。随后，现代分子生物学揭示了 DNA 碱基序列结构如何通过使 RNA 发生特定的改变以及通过制造不同的蛋白质来影响表型改变。此外，人们也更加清楚地了解到携带母本和父本基因的染色体是怎样传递给后代的。

　　但是一旦接受了这些理论，人类遗传学方面的决定论思想就萌生了。人们很容易认为，基因正是决定表型的因素，但是事情的整体情况远非如此。基因能够产生比我们所知的更为微妙的影响。因此，21 世纪初，人们开始重新审视遗传决定论的传统观点。在过去的近三十年间，越来越多迹象使人们意识到，环境也可以对基因产生影响，而这种影响要比孟德尔理论中所述的影响更大。还有一些惊人的现象表明，一个人早期发育阶段，尤其是胎儿在母亲子宫内的阶段，所处环境能够从根本上影响其人生后期的生活。有充分的证据显示，在这些影响中，许多可能是由基因内部的化学变化导致的，并且可能直接改变下一代的性状。

　　研究发现，人们在中老年时期罹患疾病的起因可以追溯到他们出生前。南安普顿大学的大卫·贝克（David Barker）曾仔细研究了第一次世界大战前期、中期、后期赫特福德郡婴儿的出生记录。他发现这些婴儿大多是正常受孕所得，但是从医院记录来看，也有一些妇女的受孕情况非常复杂。有些婴儿所处的母体环境较差，营养不良，结果出生时体重远远低于正常值。总体来说，那些出生体重比平均值低，尤其是大约仅有2 000克重的婴儿在其今后的生命历程中非常容易罹患疾病。成人中，出生时体重很轻的人更有可能在65岁前死于冠心病。他们生命之初是在不理想的环境中度过的，这必然会给他们的身体带来这样那样的缺陷，有的甚至会对其几十年后的生活造成致命影响。事实上，这些婴儿的健康状况与其早期所处环境并不匹配，必须努力适应才能得以生存。大卫·贝克与其同事随后证实，心脏病并非他们面临的唯一风险。在中年时期，他们也很有可能罹患中风、高血压、糖尿病等疾病。

　　值得注意的是，人们在早期发育阶段所处的环境还可能会对后几代造成巨大影响。2001年，拉斯·柏格恩（Lars Bygren）及其同事在瑞典发表了一项研究结果，阐述了某些生于1905年的男孩的祖父母，其饮食是如何对孙辈产生不利影响的。尤其是，有些祖父母可以吃到充足的食物，有些则不能，这些情况都会影响到那些男孩的寿命。1799—1880年间，在瑞典北部的一个偏远地区，丰年和灾年交替出现。如果正值青春期的祖父能够在丰年吃到充足的食物，其孙子的寿命很可能比平均寿命要短。虽然人们还未发现其中确实的因果关系，但研究对象中孙辈罹患糖尿病的概率之高，说明特殊发育时期充足的饮食使祖父精子中 Y 染色体的基因产生了一些化学变化，进而影响了精子的基因表达。也就是说，祖父母所处环境会影响到拥有 Y 染色体的孙子。

这本书从某种程度上而言，讲述的正是这些还不为人所重视的发生在人们发育过程中的种种影响。而对于这种影响的研究是以人类进化为背景的，因为我们现在生活在一个与人类穴居时代迥然不同的世界。本书为那些对人类生物学感兴趣的人开辟了新的研究视角。

为彼得·格鲁克曼和马克·汉森的这本书撰写序文是我的荣幸。他们不愧是两位杰出的研究学者，他们成功地以有趣、易懂的语言阐述了自己的想法。这本书是极其应时的，并且对于有关基因与环境的争论做出了革新化的贡献。它使人们清楚地了解到个人是怎样与早期生长阶段的环境匹配或者错位的，而他们为了适应环境所做出的努力，又会对其健康造成何等深远影响。这些影响可能在一个人生命的后期阶段才会显现，并很可能影响到下一代的健康。尽管我们现在嘲笑项狄的窘境，但是也许这个虚构人物对于影响人类发育因素的直觉性理解并不那么离谱。本书中的观点与研究所得出的科学成果，引领读者进入一个陌生却重要的领域——人类的进化与发育。

罗伯特·温斯顿

■ 前　言

　　本书的编写是从 35 年前开始的。当时我们还是年轻的学员，各自踏上不同的医疗探险之旅，一个人去了非洲，另一个去了喜马拉雅山麓丘陵地带。通过考察我们了解到，一个群体中发生严重的健康问题可归因于两个因素的共同作用——人们对疾病的易感性与容易诱发疾病的环境。这两次探险的所见所得指引我们投身于致力提升人类健康福祉的医疗研究事业中。

　　不约而同地，我们的研究都聚焦于生物学的特殊方面：发育。而这一研究又将我们带往通往其他领域的发现之旅，从经典生理学到发生生物学，再到现在的进化生物学，我们获得了理解基因与环境关系的崭新视角。它教会我们理解进化与发育如何共同影响我们的生活，这就是为什么人类在一些情况下能够很好地生活，而在另一些情况下却不能。我们想要将这些想法综合起来，呈现给更多的人，便写出了这本书。

　　这也是一本讲述旅程的书，包括人类种族在进化之旅中发生的故事，以及我们每个人从一颗受精卵到发育成人所经历的旅程。如果我们乘飞机穿越不同时区，就要花几天的时间调整生物钟。同样地，如果人们移居到一个新环境，他们的进化和发育功能可能无法与变化了的环境相适应，而且也许其后几代人都无法重新适应环境。从根本上说，人类是否能很好地适应这种转变取决于他们的生理状况是否能够应对环境中各种各样的挑战，这也反映了他们与环境是否匹配（match）。与之相对应的是，人们与环境错位（mismatch）的程度越高，像多年居住在尼日利亚和尼泊尔的人那样，罹患疾病的风险就越大。而人类现在面临的许多问题正是源于屡见不鲜的错位案例，因而我们相信，理解这些概念可以帮助我们采取新的措施来解决老问题。这正是本书的意义所在。

因此，我们决定再次踏上旅途，在我们位于奥克兰和南安普敦的医学研究实验室里，完成了这本关于匹配与错位的书，在其中我们将分析这一现象的缘起与后果。

■ 目　录

引 言

我们的身体和世界

如果你艰难跋涉到海拔 3 500 米的高处，第一想法一定是："究竟为什么有人能好好地在这儿活着？我快崩溃了，要死了！"除非你准备花时间去适应新环境，否则你能做的只是走两三步，然后停下来喘气，再走两三步，再停下喘气，再走两三步……仿佛永无止境。你完全不能适应在海拔这么高的地方生活——错位出现了。然而事实是，确实有人住在海拔这么高甚至更高的喜马拉雅山和安第斯山上，并且已经世世代代生活了好多年。

夏尔巴人就是一个例子。他们与中国的藏族有着密切的渊源，很久之前，他们中的大部分穿越喜马拉雅山定居在尼泊尔的高海拔山谷里，过着与世隔绝的生活。直到 20 世纪中期，他们被马洛里、亨特等喜马拉登山探险队员发现后，才开始跟探险队交易物品，尤其是岩盐，这是夏尔巴人第一次与外界联系。夏尔巴人是信仰佛教的自给农民，以土豆、大麦和牦牛为主食。近几年，为登山探险队和旅游团服务的搬运业已经改变了他们的经济模式，其传统社会环境也为此付出了代价——旅游者的涌入导致大片森林被砍伐。游客不喜欢夏尔巴人烧制的传统食物，它们虽然并无异味，却是在用牛粪做燃料的烟熏火上制作的，因此，游客们选择砍伐生长缓慢的山林做木柴烧制食物。在此我们要强调的是，夏尔巴人自身和当地的社会状况都已经发生巨大改变。

索卢昆布地区是最大的夏尔巴人聚居地，它绵延至珠穆朗玛峰，都德柯西河（Dudh Khosi）的河水从上奔流而下，经过著名的天波切寺和那木齐巴扎镇（Namche Bazaar）。1972 年，旅游业尚未在此兴起。六十多年前，这个山谷仅为少数人所知，只有登山团队——1953 年与夏尔巴人丹增·诺尔盖（Tensing Norgay）一同征服珠穆朗玛峰的新西兰人埃德蒙·希拉里爵士（Edmund Hillary）及其同事知道。希拉里竭尽全力帮助夏尔巴人建立学校和基础设施。在他的帮助下，夏尔巴人建立了一所小型医院、几座桥梁、一条飞机跑道及各项工程以保护当地的寺院。彼得是团队中一位刚毕业的医生，他远赴夏尔巴人居住地去协助完成一项由希拉里发起的医学研究。此项研究的目的在于分析由碘缺乏病引起的主要健康问题，该症状是夏尔巴人聚居于陡峭地势及降雪量高的环境中所付出的代价。几百年前，夏尔巴人的祖先为了躲避冲突和寻找大规模的牧场迁徙至此，但是这些高海拔的山谷却给夏尔巴人带来了其他严重问题。我们将讲述这次研究的过程，因为它说明了影响人类适应能力的一些重要因素，并为阐述错位做铺垫。

从地质学角度来看，几百万年前形成的喜马拉雅山脉仍是非常年轻的，它由印度洋板块和亚欧板块摩擦碰撞形成。亚欧板块的移动迫使印度洋板块向北推移，并受地球表面空气对流驱使，产生地震，从而形成了山峦。喜马拉雅山崛起后，长期遭受洪水和暴雪的侵蚀，土壤被反复冲刷，大量矿物质流失。因此，这里成为世界上最缺乏碘的地方之一。人类必须食用碘，但是夏尔巴人在其生活的山区中却无法摄入足够的碘。甚至到了20世纪中期，他们还没有补碘食品。

彼得的研究发现，90%以上的夏尔巴人患有甲状腺肿大。甲状腺是人体脖子上的一个腺体，位于喉的下端，能够分泌甲状腺素到血液中。这种激素由氨基酸和碘元素结合而成，食物中的碘元素要通过肠道才能被人体吸收。甲状腺素是人体基本功能维持正常运作所必需的，因为它决定着人体新陈代谢的速率。从某种程度上说，它就好比汽车的油门：如果油门被踩得太深——甲状腺素分泌过多，发动机就会转速过高——人体新陈代谢速率也就过快；相反，如果没有足够的甲状腺素，人体的新陈代谢就会减缓，难以维持正常的生理机能。所以，由于食物碘含量不足，许多夏尔巴人新陈代谢缓慢。彼得发现，夏尔巴人的甲状腺有时肿得比脖子还大，外表畸形。不幸的是，增大腺体并不能解决问题，腺体如果无法从饮食中摄取足量的碘还是无法分泌甲状腺素。这样，身体就会不可避免地发出一些预示新陈代谢缓慢的信号，例如延迟反射、液体潴留、高血脂和体温降低。

甲状腺素的分泌还由另一个系统控制，它包括位于人体脑底的腺垂体分泌的另一种激素——促甲状腺素。如果血液中的甲状腺素含量较低，就会有更多的促甲状腺素分泌出来，驱使甲状腺分泌更多的甲状腺素。相反，如果血液中的甲状腺激素含量较高，就会有较少的促甲状腺素分泌出来。这个控制系统被称为负反馈循环系统，是一种保持生物系统守恒的方式。它的工作原理与带有温度调节控制装置的加热器相似。这种系统可以在房间变冷时由温度调节控制装置发信号到加热器，使其开始加热；当温度升至预设水平，调节控制装置就会关闭，并在温度降低时再次启动。这不是一个完全封闭的系统，因为你可以更改调节装置的温度设置。同样地，生物系统可以通过由大脑控制的腺垂体来改变甲状腺素的需求。但是如果甲状腺素含量长时间偏低，例如，当饮食中没有足够的碘含量时，不断增长的促甲状腺素也会刺激甲状腺体，使之分泌更多的甲状腺素而增大。腺体的增大，表现在脖子上，就是常见的甲状腺肿大。

研究过程中，最让医生忧虑的就是，8 个夏尔巴人中就有 1 人表现出碘缺乏病，有些人甚至从一出生就罹患了该疾病。一些人因为在胎儿时期患碘缺乏病而严重地影响了大脑发育。他们生来就成了呆小症（一种与碘缺乏病相关的严重智力缺陷病症）患者。虽然这些患者依然可以融入社会并承担有价值的工作，但他们大多是搬运工，大多整日提桶从峡谷溪流中打水再送水至山坡上的房屋。

此项研究开展时，呆小症并不为很多人所知，但是有一个谜题人们始终无法用科学来解答——不是所有的夏尔巴人都会因摄碘量低而出现缺碘病症，也不是所有的新生婴儿都会成为呆小症患者，即使他们的母亲是碘缺乏病患者。在进一步的研究中，科学家们还发现，一些呆小症患者患有某种脑部瘫痪，这种瘫痪的起因是由于碘缺乏病阻止了大脑发育，但还有一些人却未患此病。一些呆小症患者身材极其矮小（成人不到 1.4 米高），但还有一些却无此症状。还有一些人是聋哑人，而其他人却不是。所有这些情况证明了，相同缺碘环境下不同人会有各种不同表现。彼得和他的医生同事通过碘注射治疗的那些孕妇，所有呆小症的症状都消失了，这说明碘缺乏是导致上述疾病的主要因素。

从山上得到的经验

即使在相同条件下，也不是所有的人都会表现出相同的症状。很明显，甲状腺肿大、甲状腺素缺乏症和呆小症的潜在原因是一些内在易感性因素（或许是由个体基因构造变化造成）和其所处环境状况相互作用的结果。这些变化的起因并非总是明确的，可能是个体的改变，可能是其所处的环境状况的改变，或者两者兼具。例如，在尼泊尔的一个乡村中，曾有特别高的呆小症罹患率。这个乡村远离其他村落，雪后风景优美，居民通常从山谷的斜坡上采集年代久远的石头，盖成两层石房——下面养牦牛，上面住人。这个村村民的健康问题是由其所处环境导致当地人基因变化造成的，还是由于他们的饮食与其他村落略有不同呢？在研究中，唯一的不同好像就是该村的村民食用大量大麦。虽然还无法证实，但医生认为大麦可能含有阻止甲状腺素分泌的物质。这并非难以置信，因为在塔斯马尼亚，儿童极易于春季罹患甲状腺肿大，但是在春季过去的时候就慢慢消失了，直到下一年又会再次发病。原来这是由牛奶中的一种化学物质造成的，这种物质来自春季草原上生长的野芜菁。

这些信息清楚地说明，人类居住环境发生微妙变化时，人类很可能无法立即察觉这些变化，但这些变化却决定着人类的疾病类型。并非所有人都有相同的基因构造，因此不是所有人对环境状态都有相同的反应。我们研究得越多，就会越发意识到这一原理不仅仅适用于尼泊尔，世界上其他国家也是如此。环境的微妙变化是否会对人类产生巨大影响，取决于变化的性质以及这种变化发生在人们生命中的哪个阶段。我们适应环境变化的能力，帮助我们理解如何生活在世界上以及我们会长期保持健康还是会罹患疾病。

夏尔巴人居住在高高的喜马拉雅山谷中，他们为此付出了沉重的健康代价。但是作为一个种族，他们通过一些其他方法很好地适应了崎岖山地的环境，这就是为什么他们可以居住在那里。他们克服了呼吸困难的问题，这对于常人来说非常困难。夏尔巴人还可以搬运重物到高海拔地区。一般搬运工可以承受的重量是 30 千克，而他们可以搬运双倍重量的货物上山，当然得到的报酬也是双倍的。一个夏尔巴搬运工一般可以搬运 60 千克以上的货物上山，这个重量可能比他的体重还重很多，同时通过搬运活动他们还可以锻炼出强壮的肌肉并增强肺功能。

夏尔巴人不仅仅是在生理上适应了所处环境，同时经过代代繁衍生息，形成了复杂的社会结构和厚重的文化。这种文化与我们所熟知的文化并不相同。例如，有些地方实行一妻多夫制，且妻子的丈夫多为兄弟。这种习俗的出现也是为了帮助夏尔巴人适应其特殊的生活环境，比如当一个丈夫外出猎牦牛时，妻子需要有一个强壮的丈夫在家。

彼得的研究中，最棘手的问题是如何解决夏尔巴人的碘缺乏病。在欧洲，解决这个问题的方法主要是通过食物。例如 20 世纪 20 年代，加碘精盐被引入家庭，很快英国部分地区的甲状腺肿大患者急剧削减，"德比颈"（Derbyshire neck）的现象再也没有出现。在 19 世纪中期拉斐尔前派油画中，那些年轻女模特的颈部总是肿胀的，而今已非如此。尽管碘盐也许是解决夏尔巴人缺碘问题的最佳方法，但是研究者发现，夏尔巴人的传统是食用从中国西藏高海拔地区（大约 5 800 米）运来的岩盐。夏尔巴人固守这一传统的原因是多方面的。首先，它保留了两个同宗教种族的交流；其次，穿越冰雪覆盖的关口到高海拔地区运输岩盐已经成为年轻夏尔巴男子必经的考验。因此，要解决问题前，必须顾及这些因素。最后，医生决定为每一个夏尔巴人注射一针碘剂，这样的治疗仅花费 10 美分，却可以维持至少 5 年的效果。人们在新几内亚等其他无法通过食物解决碘缺乏问题的偏远山区也采取了相同办法。

当我们研究这些从夏尔巴人工作和生活中总结出的经验时，一些更宏观的生物学观点显现了，并形成了本书中的一个新观点。

首先，关于适应能力的问题。人类可以在某些极端环境中生存，这种环境所涉及区域可能比迄今所知的人类起源地非洲大草原还要偏远。我们可以使自身与多种环境匹配，像老鼠、蟑螂等其他动物一样，我们也有广泛适应各种环境的能力。相反，许多其他物种需要精确地与某种小环境相匹配。企鹅能够适应在冰冷的海水中捉鱼，在南极冰面上繁衍后代；印度豹可以在追逐黑斑羚时疾跑到100 千米的时速；变色龙或竹节虫则精于伪装术，使自己免于被食肉动物俘获。这些动物都惊人地与它们所处环境相匹配。

第二点经验是关于代价。北极熊不适应在热带地区生活，而马来熊也不能适应北极的生活。如果它们交换生活环境，都将难以存活。同样地，尽管人类已进化到可以居住在多种环境中，但这种适应力并非无限度的。虽然我们能够在极限环境中生存一段时间，但如果我们试图超越这些环境极限，必定要付出代价。所以一个物种如果生活在与其匹配的环境中，则会繁衍生息。反之，则发生错位。环境与自身构造越是错位，所要付出的代价就越大。本书称这种代价为错位范例（mismatch paradigm），这种错位的代价往往是疾病，就像夏尔巴人栖居于高海拔的喜马拉雅山谷中，造成甲状腺肿大和呆小症高发。在研究中，我们也不断思考我们渴望的"现代环境"是否也超出了人类的适应范围，如果是这样的话，当代发达国家是不是在得到发展的同时也付出了某种代价？当我们意识到该问题的重要意义，我们决定写下这本书。

设 计 生 命

"设计生命"原本是应用在生物发育和进化领域的词汇，如今似乎已被滥用，在"智慧设计"和反进化主义运动中也常常使用该词。我们的生理"设计"是由与进化相关的遗传基因与发育过程共同作用而成。其中，进化过程可以"选择"决定我们今生面目的基因，发育过程即从胎儿到成人的生长阶段。此二者都依赖于生物体与其环境的相互作用，并在不同的时期发挥着不同的作用。进化通常要历经几千年，而发育则仅需要不到人的一生的时间。因此，我们首先需要知道基因、环境和发育是如何相互作用的。

本书中所提到的"设计""选择"或"策略"，并不表示任何有意识的行为。他们只是代码词，用以解释进化与发育是怎样进行的。"设计"（生命的形态）纯粹是进化与机体发育成熟过程相互作用的结果。"策略"指的是机体使自身生物特点与环境相适应的方法。而"选择"在书中指环境等因素是如何影响机体选择适应方式的。例如，在你健身或行走于喜马拉雅高海拔地区时，你别无选择，只能更努力地呼吸。

匹 配

人类的居住环境类型十分多样。夏尔巴人居住于高海拔地区，因纽特人居住在北极圈之内，达尔文在他的《小猎犬号之旅》(*The Voyage of the Beagle*) 一书中提到的火地岛人居住在地球最南端，柏柏尔人则居住在撒哈拉沙漠中……这些都是人类在极端环境中生存的例子。还有一些人则身处由人类自身造成的环境危机中。南加利福尼亚的部分地区及澳大利亚人烟稀少的内陆地区，已经变得越来越不适宜人类生存，这里地下含水土层干涸，无法为城市提供足够的居民和工业用水。此外，这些地区的盐碱地增多，植物根本无法生存。太平洋瑙鲁岛上的居民在当地安稳度日已逾千年，直到殖民者为了开采硝酸盐（一种丰富的天然肥料）而挖走所有的表层土，使这个曾拥有肥田沃土的兴旺小岛变为岩石斑驳显露、了无生机之地，剩下的岛上居民因此被迫迁往澳大利亚或新西兰。复活节岛位于太平洋上，这里的居民（在他们几乎灭绝前）也不得不忍受森林树木大面积遭毁给他们生活带来的严重后果，他们不能再建造船只出海打鱼，最终导致鱼类也从他们日常饮食中消失了。波利尼希亚地区人口的急剧增加使这座小岛不堪重负，一些人甚至开始杀戮婴儿以控制人口。20 世纪 50 年代日本水俣湾的渔民由于汞中毒，致使其下一代脑部发生了无法逆转损伤。越南战争中，一些在越南服役的士兵长期吸入对神经系统产生剧毒作用的橙剂，一定程度上影响其后代。这样的悲剧还在不断地上演。这些事例说明，人类即使没有移居到不毛之地，同样也可能生活在危险环境中。

在夏尔巴人身上，我们可以看到因人类与环境不匹配而付出的巨大代价——胎儿时期的碘缺乏导致呆小症。同样，在水俣湾居民和越南老兵身上，我们也清楚地看到了环境危机对发育中的胎儿或婴儿的影响。这本书的主要议题正是：人的发育早期——从一个受精卵到胎儿——所处的环境将对我们的身体造成深远影响。

令人惊讶的是，我们在研究人类状况时竟忽视了发育的影响。但是毋庸置疑，胚胎学是 19 世纪生物学研究的重要组成部分，并为达尔文进化论的形成做出了巨大贡献。达尔文意识到，胎儿发育的复杂过程可能揭示了不同物种是如何进化的以及物种之间是如何互相关联构成进化树的。20 世纪早期，随着对基因的深入了解，科学家们的热忱已经转移到基因研究上了。直到 21 世纪，我们才重新意识到，了解发育对于理解整个生物学体系是多么重要。

我们现在知道，人们发育阶段所处的环境关系到人们为使自身最匹配环境而做出的选择，这种选择可能是决定，也可能是一种预测。我们的身体能够对来自于环境的信号做出反应，并制订出相应策略，产生暂时的生理优势以适应当时或未来的环境。比如褐色脂肪是新生婴儿体内的一种能量储存形式，寒冷时通过燃烧这些脂肪可以产生热量。灰熊在秋天会开始增加脂肪以储备能量，用以维持冬眠时身体各项功能的正常运转。储存脂肪暂时看不出有什么优势，但灰熊仍会这样做，正是基于对即将到来的冬天的生理预期。我们可将这种生理预期称为"预测"（prediction）。我们的同事帕特·贝特森（Pat Bateson）用"预报"（forecasting）一词来描述相似的情况。但是无论哪个词都不表示这是一种有意识的行为。动物无法通过观察水晶球预知未来，但是进化使它们有能力从环境中获得信息，并在生理上做出相应的调整。当白天日益缩短，灰熊的代谢系统开始变慢，这种类型的生理"预报"甚至在胎儿发育时期就开始形成了。

因此，发育中的生物体可运用来自环境的信息做出选择，以使自身构造与其预测所处的环境相匹配。这就像，当我们收拾行囊准备旅行时，会设法预测即将面临的天气，并据此选择应携带的衣物。如果我们可携带的行李受限，比如要乘飞机出行，我们就要选择带什么、留下什么。倘若拿了雨伞，我们就不会带雨衣。如果要去滑雪，就不会带短裤和凉鞋。与此相似，生物体的胚胎和胎儿也会设法"预测"未来身处的环境，然后选择它们应携带的"行李"。换言之，它们选择那种可以最大限度帮助自己成功"面世"的适应性策略，因为这是种群生命之旅的最终目标。如果它们"预测"将出生于一个寒冷的环境，可能会长出更厚的皮毛。宾夕法尼亚州的草地野鼠就是如此。这种小动物看起来像老鼠与大颊鼠的合体，跟所有野鼠一样，草地野鼠长得很快，在交配几周内就可以产仔。如果它们出生在春天，幼鼠的皮毛会比较薄；但如果出生在秋天，就会长出较厚的皮毛。皮毛厚度从出生后便固定下来，不同厚度的皮毛体现了不同的生存优势。更有趣的是，如果生物体"预测"到其即将出生的环境中会有很多饥饿的天敌，它们也会在发育过程中做出相应的调整，使自身具备更强的防御能力。水蚤也被称为水生跳蚤，因其游动的方式好似在水中跳跃。水蚤是一种淡水甲壳纲生物，是养鱼池中的常见鱼食。在自然池塘中，昆虫幼虫是水蚤的主要天敌，但是这些幼虫释放出的化学物质（称为种间外激素）暴露了它们的身份。因此，如果处于生长期的水蚤感应到这种高密度化学物质时，就会长出甲壳，使自身不易被捕获。在本书中，我们也会看到，如果生物体的"预测"错误，会导致它们采取不适当的应对策略，进而形成同所处环境的错位。这些将把我们带入一个全新的科学领域——生态发育生物学。

那么我们是怎样适应所处环境的呢？部分是通过自然选择。查尔斯·达尔文在他的重要著作《论借助自然选择的物种起源》（*On the Origin of Species by Means of Natural Selection*）（1859）中第一次使用了"自然选择"一词。自然选择是生物通过选择变异的性状而不断进化的过程，这一进化过程提高了生物生存和繁殖的成功率。特定环境中，影响个体性状表达的基因可能会遗传给后代，而且具有这些性状的个体繁殖成功的可能性更高。

在生命的进程中，环境也影响着每个个体是否会开启从母亲或父亲那里遗传而来的基因。在胚胎、胎儿和婴儿的所谓"塑型"阶段，环境能够影响其性状，决定其如何发展，并产生永久的后果。进化为我们提供了应对环境的特殊方法，因此，人们可以在生长发育期做出一系列的选择与权衡，最终的目的是，提高自身与环境的匹配程度。环境不同，进化最终的结果也有好有坏。

匹配意味着两者互补。我们说两个人关系非常匹配，并不表示他们非常相似。事实上，我们的意思可能刚好相反，他们互相理解，并且一方个性上或行为上的缺点恰好可被对方弥补。当一个人生气或是疲劳时，另一个人就会帮助他。这种匹配关系是动态的，双方都对对方的需求做出回应，并相互支持。本书中，我们关注的正是这种人类生理性状与其所处自然环境之间的互补关系。两者相互交织又不断变化。如果一个生物体与其环境匹配，那么我们会认为这是进化与发育过程共同作用的结果。

错 位 范 例

说到匹配，这不是一个非黑即白（all or nothing）的概念，只能说有的生物与环境匹配得较好，有的则较差。生物的体质与环境越匹配，就越可能繁衍生息；相反，如果错位的程度越高，生物体就越要努力地适应该环境，并为此付出代价，错位程度越高，代价越大。如果生物体不能有效处理这种错位，那么后果将是严重的病患或死亡。环境或生物体自身的改变都会导致错位。例如，在某个环境中，某个与生物体健康密切相关的因素发生了突变，错位就会不可避免地出现。乳糖不耐受症就是由于能够合成乳糖分解酵素酶的基因发生了突变。肠道中的乳糖分解酵素可以分解牛奶等食物中的乳糖，帮助人体吸收。有乳糖不耐受症的人如果生活在以牛奶为主要食物的环境中，会因未分解吸收的糖分残留在肠道内而患上慢性腹泻，还可能因此而营养不良。

　　错位也可能由环境的迅速改变或巨大变化造成。18 世纪的水手在出海时死于败血症的概率很高。这种疾病可以导致许多身体组织出血，患上这种疾病的人皮肤有大面积瘀斑，牙龈出血，牙齿松动，刚刚痊愈的伤口可能会再次破裂，肌肉和关节出血会引起剧痛。水手罹患败血症的原因是，在海上航行过程中，他们的营养结构发生了改变。在陆地上，有大量新鲜食物可供食用，但是在海上，所有食物都是经干燥或盐渍处理的。在到达下一个港口之前，是没有新鲜蔬菜或水果可供食用的。而港口之间的航程可能要花费几个月的时间。因此他们的饮食中严重缺乏维生素 C。其实，人体本身可以储存一定量的维生素 C，要经过一段时间它们才会被完全消耗，但是当它们消耗殆尽，人类就会患上败血症。这就是为什么败血症在远洋航海中屡见不鲜，其实只要摄取一点新鲜水果就可以阻止疾病的发生。水手们一定也曾考虑过如何才能让水果在温暖、潮湿的船舱内保存数月。答案很简单，水手可以在航海期间饮用蔬菜提取物，过一段时间再喝一些酸橙汁（lime）或柠檬汁。可是水手不喜欢这种味道，更喜欢喝朗姆酒。但是恰恰是不太美味的腌菜和酸橙汁拯救了无数水手的生命。后来，大不列颠王国成功取得了海上霸权，海外的英国人也因此被称为"英国佬"（limeys）。

　　到目前为止，我们已经介绍得差不多了。我们希望这些有教育意义的、充满趣味性的例子可以帮助人们理解一个概念，即我们所处环境中的许多微妙变化都可能导致某种程度的错位，进而对人体健康产生重大影响。这就是本书的重点。现在，许多人居住在与其自身并不匹配的环境中，许多人与环境的错位程度在逐渐增大。错位在看似普通常见的环境中也无时无刻不在发生着，为此人们必定要付出代价，这些代价决定着我们的社会结构、健康状况和生活质量。错位范例为我们理解自身提供了崭新的视角。

第一部分　匹　　配

　　在下面的 5 个章节中，我们将要探讨两个问题：匹配的条件是什么？是什么导致了错位现象的发生？在第一章中，我们要进一步阐述"匹配"的概念。在第二章中，我们会对遗传的类型进行探讨。这些不同类型的遗传机制共同作用并决定我们的身体构造。这部分内容包括我们的进化和基因历史、表观遗传（epigenetic inheritance）过程以及跨代际的行为和文化影响。在第三章中，我们要将目光转向一个时间跨度小得多的问题，聊聊发育的过程，并试图阐释这一过程是如何改变我们继承的那些特征，从而使我们适应这个时代的环境。在第四章中，我们论述自从大约 15 万年前智人这一物种开始出现，人类环境发生了怎样的改变，基于此来探讨问题的另一个方面。最后，我们会在第五章中说明各种因素是如何共同作用并制约我们在现代世界中的生活方式，以及这些因素如何导致了有害健康的错位问题。

第一章

我们的舒适区

　　随着年龄的增长，我们愈发强烈地感到生命的有限。同时，我们开始思考这样的问题：我们的一生过得是否快乐？曾经的付出是否值得？我们的一生是否成功？对于我们来说，"值得"或"成功"又意味着什么？也许我们对自己积累的财富感到满足；也许我们把长寿和优越的生活视为"人生赢家"的标志；也许我们还会想到自己给别人留下的深刻印象。尤其是当我们有了孩子，我们渴望知道，是否能从他们身上看到我们自己秉持的价值观和理想。在某种意义上，大多数家长都将孩子的存在和孩子取得的成就当作自己"人生赢家"的有力证明。此外，对于很多年龄较大的社会成员来说，成为祖父母是他们生命中尤为重要、喜悦的时刻。

　　当生物学家评判动物和它们中的"人生"赢家时，会使用非常相似的概念。生物体是否能够成功繁殖？它们的后代是否能够存活并继续繁衍？这些问题对于生物学家来说至关重要。生物学家常常用"适切性"（fitness）一词来描述这一成功。

　　自然选择（natural selection）的作用在于挑选出那些在一特定环境中更具有"适切性"的生物特点或特性。针对不同环境发展出不同的特性，也许更加有利生物的生存。罗斯玛丽（Rosemary）和彼得·格兰特（Peter Grant）在对加拉帕戈斯群岛鸟类的研究中观察到，如果气候变化引起植物发生改变，具有不锋利的喙的鸟（而不是具有锋利的喙的鸟）可能更有生存优势，并被优先选择。

生物进化学的一条基本原则是，进化源自种群中某种性状的变异（也就是说种群中的个体间会存在差异）。同一种群中不同个体的存活率及繁殖成功率的差异体现了这种变异。这也是为什么某些个体的后代比其他个体的后代多的原因。假如这种成功得益于某种基因，那么那些有更多后代的个体会丰富下一代在这一方面的基因库。

动物怎样才能拥有最佳的"适切性"呢？不同的物种、同一物种中的不同个体，以及不同性别的生物使用的策略不尽相同。采用何种策略很大程度上是由存活率和繁殖成功率决定的。为了在"交配竞赛"中获胜，动物必须活到能够参与交配的年龄，身体足够健康并能够养育后代。至少，鸟类和哺乳动物是这样。没有一个物种的所有后代都能活到成年。一些物种的幼仔成年率特别低，例如鱼和昆虫。据估计，10 000 只绿海龟中仅有 1 只能活到成年。只有人类、鲸类以及一些大型哺乳动物的新生儿活到成年的概率高于 25%。

最佳的繁殖性能（最大适切性）在一定程度上取决于个体所处的生存环境，如食物、捕食者的数量，甚至是同物种间同性别的竞争者的数量。但是繁殖性能也依赖于生物体自身的状况——它能在缺少食物的情况下比其他的竞争者存活更长的时间吗？它能够从已选定的配偶身边赶走其他的竞争者吗？当生物体自身的状况能够与它所处的生存环境相匹配时，就可以达到最佳的繁殖性能。这种匹配，是随着该物种的逐步进化得以实现的，尽管这是一个漫长的过程。而由于任何种群中都有个体存在基因变异和发育诱发的变异（induced variation），所以并非物种中的每一个个体都能达到理想的匹配状态。随着物种的进化，物种中的每个成员都要经历这种匹配或适应过程，正是这个过程创造了特定物种绝大多数的性状。应当注意，我们所说的是大多数的而不是所有的性状，因为某些性状是偶然发生的——即突变。这种突变对个体而言既难称为优点也并非缺点。例如，虽然所有海贝都生活在泥里，但是一些海贝的颜色却与众不同，这很可能就是一个中性的性状。

当我们对那些能够使交配取得成功的生物性状进行考察时，我们意识到，不论是对于雄性还是雌性来说，很多性状与存活、击退捕食者等因素无关。那些和我们人类一样都是"有性繁殖"的物种，通常多多少少会对配偶做出选择，因此选择配偶的过程很大程度影响着代代相传的基因的"模样"。一个个体的性状是如何产生的，或者说在进化过程中这些性状是如何被选择的？在讨论这些问题之前，我们必须要注意的是：并不是生物界发生的每件事物都有一个"适应性论"的解释——生物的有些特征只是某个适应过程的副产品，或许根本就与适应无关。例如，这可能是由一种既无益又无害的族系突变引起的。

因此，提高个体的繁殖适切性得益于一系列的进化过程，其中有些进化过程与环境的特点有关，而另一些则与个体的性状有关。环境的改变会导致动物繁殖性能大打折扣，就像动物园管理员熟知的那样，他们试图使关在笼子里的动物产仔，但往往不能成功。而基因也会直接影响到动物的繁殖性能。例如，在美利奴羊中，有一种突变叫作"布罗拉突变"（Boroola mutation），这种突变促使羊排出多个卵子，因而有时会产四胞胎、五胞胎甚至是六胞胎。小羊羔出生时就很小，而母羊仅有的两个乳头无法为多胞胎提供充足的奶水，所以幼仔通常不能全部存活。在这一章中，我们要进一步探讨生物的性状如何与环境匹配，如果不匹配又会由此产生一系列什么样的后果。从以上列举的例子中我们可以明显看出：生物个体与环境的匹配程度以及个体的命运，部分取决于个体的内在原因，还有一部分受个体所处环境的影响。

基 因 的 作 用

有两个重要的术语需要我们明确概念——表型（phenotype）和基因型（genotype），这两个言简意赅的名词将贯穿本书始终。基因型指某个生物体全部基因组合的总和，包括生物体所有或大或小的突变。某一物种中的所有个体都具有非常相似的基因型，尽管这些基因型中的每个基因在不同个体间存在细微的差异。除精子和卵子的基因只有一个副本（copy）之外，人体中每个细胞中的基因几乎都有两个副本，其中每个副本分别来自父母中的一方。性染色体上的基因是另一个例外。在哺乳动物中，雄性的一对性染色体中有一条 X 染色体和一条 Y 染色体，而雌性则为两条 X 染色体，没有 Y 染色体。X 染色体和 Y 染色体上的基因通常不同。

位于一对同源染色体相同位置上控制某一性状的不同形态的基因叫等位基因（alleles），因此大多数的基因都有两个等位基因——分别来自父亲和母亲，可能一样，也可能不一样。等位基因之间的差别是由它们 DNA 序列的不同引起的。由于维持并复制 DNA 是一系列复杂的生物化学过程，如果这一过程出现瑕疵，等位基因就会出现差异。每次细胞分裂，组成基因的 DNA 需要一系列的酶来完成复制。酶的作用是复制、校对并修复 DNA。有时，复制过程中的错误没有被修复，一旦出现在卵子和精子中就会遗传给下一代。这些错误称为"突变"。有些突变没有明显的影响，而有些突变可以对个体产生重要的影响。有些突变是由一个基因的 DNA 序列变化而引起的，如膀胱纤维化；而另一些突变是由于染色体上的 DNA（甚至是一个多余的或被删除掉的染色体上的 DNA）排列发生重大变化，进而对许多基因产生影响。例如，唐氏综合征（Down's syndrome）可能是因为多了一条第 21 号染色体，或由多余的一条 21 号染色体与 14 号染色体发生易位引起。大多数等位基因也有微小的变异，即使这些变异会引起基因功能差异，也只不过是一些极其微小的差异。这些小的变异被称为多形性或多态现象（polymorphisms）。这就好像一本词典有两个版本——一个是美式英语版，一个是英式英语版。一般来说，两个版本词典的单词都一样，只是有一些词略微有些区别，比如这 3 个词：颜色（color 和 colour）、中心（center 和 centre）、犁（plow 和 plough）。如果用词典的例子来类比基因有关的术语，我们可以把整本词典看作基因组或染色体组（genome），那么其中的每一个单词就是一个基因。我们可以说这些词典属于同一个物种——它们有同样的基因，是可兼容的，这就像我们既可以使用美式英语也可以使用英式英语写出可被理解的句子。然而，它们的基因型不同，因为他们的基因表达产生的效果不同——生物的体表特征不同，所以同一物种内部的个体也有着不同的基因型。我们应注意到，由突变和多形性引起的等位基因变异是截然不同的。由突变引起的变异会对所要表达的含义产生重大的影响，例如 jumper 在美式英语中的含义是"无袖的连衣裙"，在英式英语中则是"针织紧身套衫"。而由多形性导致的变异则很少或根本不会产生什么影响，就像使用 color（颜色）而不是 colour（颜色）这种拼写方式也许会激怒英国读者，但并不会引起含义上的混淆。

与基因型不同——我们只有在实验室里对个体的基因（也就是基因组）进行全序列测定才能览其全貌——表型是对生物体真实外貌的描述。这个术语一般用来描述生物明显的物理特征。如根据身高，个体可以被描述为高或矮。表型可以指任何可观察到的特征，即使有时这种特征必须通过某种形式的诊断测试才能得以体现。我们可以从葡萄糖耐量的测试结果中发现，糖尿病患者与健康者的生物化学表型是不同的，高血压患者与血压正常的人的心血管表型也是不同的。

概括来说，个体在生命各个阶段（从被母体孕育到现在）的表型是基因型与环境反复相互作用的结果。正是由于这个原因，一个特定的基因型会形成不同的表型。在许多生物体中，发育过程中的相互作用是决定表型的重要因素，因而发育对生物的适切性和生存起到了重要的决定性作用。这些过程即我们所说的"发育可塑性"（developmental plasticity）。

基因并没有对表型做出直接的、具体的规定，而是为发育中的生物体提供了工具，以塑造它的表型特征并与自然环境相匹配。就像音乐家在不同的场合，根据他们自己的感受、观众的类型等因素，以不同的方式来演奏同一首曲子。由于环境的影响，即使具有相同基因型的生物体也可能会有完全不同的表型特征。如同卵双胞胎，通常来说，他们出生时的大小不同，这是因为小的那一个在子宫内时没有另一个营养吸收得好。最近的一项研究阐明了由于环境上的细微差别，双胞胎发育过程中的基因表达（gene expression）

形式是如何逐渐产生差异的。

查尔斯·达尔文（Charles Darwin，1809—1882）和阿尔弗雷德·拉塞尔·华莱士（Alfred Russell Wallace）的非凡洞察力，使我们对"生物体与它们所处的环境是如何相互影响的"这一问题的理解有了本质上的改变。在他们的时代，人们尚不懂得遗传是如何起作用的（即解释清楚基因的本质），因而，他们的成就更显得难能可贵。他们不知道基因是 DNA 具有遗传效应的片段，它对细胞器发出指令以指导其合成蛋白质。对蛋白质合成的基因控制是所有生物发育过程的基础，其中包括一个受精卵是如何神奇地发展成为一个具有 100 万亿个细胞的成年人的过程。这些细胞以一种非常特别的方式被组织起来。基因由核苷酸（nucleotide）组成，核苷酸由糖、磷酸和含氮碱基链接而成。成千上万个基因首尾相连缠绕在一个染色体中。DNA 中仅有 4 种不同的核苷酸，而基因是由成千上万个核苷酸链接而成。核苷酸密码子的转录系统（即所谓的基因密码）非常复杂，它能够决定每个 DNA 序列的含义，进而决定什么时候制造哪一种蛋白质。基因的一端并没有参与到制造有效蛋白质的过程中，因而这一部分信息并没有被"译出"——它可以对环境发出打开或关闭基因的指令。这部分基因被称为启动子区（promoter region）。其他分子（通常是蛋白质本身）会与启动子区的 DNA 结合并打开或关闭基因，从而开始或停止生产蛋白质。现代生物的复杂性主要体现在对于调控或转录因子的控制能影响到许多其他基因的活动。之所以叫"调控或转录因子"，是因为它们会通过与启动子区域结合，对基因起到约束或抑制的作用。因此，单独一个基因表达的变化就会引起一系列复杂的连锁反应。

024 匹配 or 错位——身体是世界的密码

变　异

选择是以生物的外貌、结构和功能（即表型）的变异为基础的。相应地，外貌、结构和功能的变异在某种程度上正是源于支撑这种表型的遗传基础发生变异。达尔文首次发现了变异的重要性。没有变异就不可能有自然选择——生命要么全都存活要么全部灭亡。如果一座岛屿上的老鼠基因组完全相同，并且没有发生基因变异，该种群的老鼠就无法实现进一步的演化，因为自然选择无法发挥作用。一旦感染某种疾病或当环境发生某些变化时，所有的老鼠都难逃灭顶之灾。

基因变异最重要的部分是使生物体在抵御传染病方面存在差异，因此不是物种中的每个成员都会受到流行病的侵害。设想一下，面对在世界范围内传播的疫情，如果我们所有人的基因完全相同，人类这一物种是否还能存活下来呢？病毒侵入时，生物体的免疫系统会进行调整并形成相应的免疫力，但流感病毒是突变方面的专家，它使生物体免疫系统的调整功亏一篑。对于我们中的一些人来说，幸运的是人体的免疫力会不断改善，以应对这种流感带来的最坏影响。我们应对病毒的能力存在差异，因此并不是每个感染上病毒的人都会生病，正如在人类历史中我们曾遇到过其他病毒一样。如果没有这些，人类可能早已经灭绝。

基因中含有成千上万个可发生变异的核苷酸，核苷酸的变异反过来又会引起基因在表达方式上的变化，某些时候还会影响蛋白质的合成。这种变异历经几代后，可改变一个种群的基因库，其结果是，种群中的某些生物个体在外表（表型）上呈现出巨大差异。正如达尔文所认为的那样，人工选择可以对这些变异起到促进作用。在动物繁育过程中，人们挑选那些大小、颜色、气味等特征符合要求的动物进行培育。经过几代的繁衍，被养殖的动物获得了与其野生品种迥然不同的表型。达尔文所描述的优等鸽子（fancy pigeons）最初就是从野生鸽子中被挑选出来并精心培育的。同样，达克斯猎狗与圣伯纳犬也许有一个共同的祖先——狼，但是对一个不了解犬类的人而言，很难一眼便知两者的关系。而饲养者对于动物近交品系间的能育性问题也非常熟悉。如果某生物个体的基因组组成发生巨大变化，以至于该个体不能与最初的源种动物或其后代进行杂交繁殖，但是可以在本种群内交配，那么我们就说，新的物种诞生了。这是物种形成的基本概念之一，同样由达尔文首先提出。

每个物种的基因型都存在着潜在的巨大变异。这些"沉默基因"（silent genes）引起的表型变异只有在特定的情况下才会彰显，并在生物发育过程中得以体现。基因变异的影响受许多重要因素的制约。通常在生物发育过程中，其他基因的表达会制约变异基因的影响，以确保生物朝最佳方向生长。在该过程中，基因变异能够持续进行（而不是被消除），但未必能够表达出来。这些潜伏的变异保留在基因型中，并在某些情况下（诸如，如果环境发生了变化，改变生物的表型发育模式就可提升其环境适应性）实现表达。例如：如果有充足的食物，非洲沙漠蝗（Schistocerca gregaria）会聚集在一个地方，但如果聚居的密度过大并且食物不充足，它们中的一部分就会迁徙到他处。迁徙的非洲沙漠蝗看起来与留在原地的非洲沙漠蝗在外表上截然不同。如果没有注意到迁徙这一点，我们一定会认为它们是两个截然不同的物种。迁徙使非洲沙漠蝗的外表发生了巨大变化，它们的翅膀更大，口器（mouthpart）、伪装的颜色以及新陈代谢的方式都与原来的非洲沙漠蝗有所不同。这些变化使它们能够顺利飞往有更多食物的地方。白天它们并不是藏起来而是成群地聚集在一起，不加鉴别地吃掉它们所经之处的所有植物，留下一片狼藉。表型选择的信号可能是由母蝗虫发出的。母蝗虫在她排的卵周围分泌黏性物质，发出与聚居密度有关的化学信号。此外，蝗虫容易受到来自其他蝗虫的化学和触觉信号的影响，这些信号也会影响到蝗虫所要发展的表型。因此，虽然蝗虫基因组的遗传信息中包含有备选表型，但是只有当食物供给受到威胁时，这些潜在表型才会被表达出来。

这些过程是保持基因多样性的重要手段，进化也正是在此基础上发挥作用的。这些过程也告诉我们，生物的发育方向是如何被调节和控制的。一个著名的富有启示的例子来自俄罗斯伟大的遗传学家德米特里·康斯坦丁诺维奇·贝尔耶夫（Dmitry Konstantinovich Belyaev，1917—1985）在西伯利亚开展的工作。他于 1958 年开始对俄罗斯银狐展开大量且重要的研究。贝尔耶夫研究中提到的野生狐狸都是银白色的，就像"野生"这个词所诠释的那样，它们十分凶猛，对人类也并不友好。贝尔耶夫注意到，即使在野性方面，不同的狐狸也呈现出表型差异。有一些狐狸比其他狐狸更温顺，当饲养者接近它们时，它们表现得更像家狗。贝尔耶夫感兴趣的是，为什么所有物种在被驯养时都表现出了相似的被驯服的特质。于是他根据温顺的程度对狐狸进行分类，只挑选那些最温顺的进行驯养。不出所料，经过几代繁衍，这些狐狸不仅变得更加温顺而且看起来更像是宠物：它们摇动卷曲的尾巴，长着下垂的耳朵，甚至皮毛上长出一些诸如花斑的纹理（这对它们的野外生存是非常不利的）。和各种各样的家狗一样，这些银狐的体形大小也不一样，腿的长短也不同。经过八代的驯化，人工选择的过程对银狐的基因组产生了影响，促使那些银狐在原本野生状态下具有的表征近乎消失。同时，一系列其他特征（源于那些原本隐藏在基因组中并被阻止表达为表型特征的基因）显现了。

生 活 策 略

每个物种在进化过程中都会形成一系列生活策略，这些策略涉及其生命进程中的几个关键点，包括：如何成长、如何繁殖、何时繁殖以及能活多久。这些就是生物学家所指的生活史策略（life-history strategy）。此外，生活策略还包括生物是如何在所处环境下生存的。例如，它有哪些社会结构，以什么为食，用什么办法躲避捕食者。生物通过完善这些策略中的每个要素以及它们之间的相互作用，以优化自身适切性。因而这些生活史策略与物种所处的各种环境有着紧密的联系。

进化使生物发展出花样繁多的繁殖策略。雄性的太平洋鲑鱼（Pacific salmon）奋力沿着阿拉斯加的溪水逆流而上，同时还要躲避捕食者（熊、鹰），并与其他雄性同类争夺配偶。在筋疲力尽后，它完成了一生中仅有的一次交配，随后便死去。相似的例子还有螳螂，雄性螳螂在与它的配偶交尾后被雌性螳螂吃掉，通过这种方式它为配偶的受精卵提供生长所需的能量。雄性琵琶鱼通过咬住较大的雌性琵琶鱼，变成附着其身上的一种寄生物，靠吸食雌性琵琶鱼的血液生存，并在适当的时候分泌精液。长期以来，这些特别的生活史策略吸引着生物学家，使他们着迷。达尔文曾穷尽毕生精力研究藤壶，同事们从世界各地给他寄去大量的物种标本。他注意到，在某些种类的藤壶中，雄性作为一种微小寄生物寄生在雌性体内，它们没有独立的生活，也从未离开雌性的身体——这确实是一种非常亲密的关系！

　　尽管这些例子很有趣，我们仍需要把注意力放在哺乳动物上。雌性哺乳动物一定会养育她的孩子直到它们独立，因为在哺乳期，她的乳汁是孩子唯一的食物来源。一旦孩子们可以四处走动了，母亲（某些物种的母亲是在幼仔父亲的协助下）必须教会孩子如何猎食或寻找食物，直到它们独立。对于大象和人类来说，这需要花费很多年的时间。因此，一个雌性哺乳动物的终极成功（或者叫达尔文适合度）取决于她有多少幼仔，它们被养育得如何，多少幼仔长到成年，最重要的是，它们是否能成功交配。雌性活得更久意味着有更多的怀孕机会，孩子有更大的存活概率。这一点对于每次怀孕后通常只产下 1 个幼仔（单胎妊娠）的物种（如抹香鲸、大象或人类）而言至关重要。同时，对于每次怀孕后产下多个幼仔（多胎妊娠）的物种（如兔子或老鼠）来说，因为单个幼仔的成活概率更小，所以雌性活得更久也是非常必要的。

　　很多物种的雄性有着同雌性截然不同的繁殖策略，它们所要优先考虑的事情也与雌性大为迥异。女性读者对此也许不会感到惊讶。在许多群居生物中，如黑斑羚或海象，雄性与一群雌性配偶聚居，并与其他雄性为争夺支配地位展开竞争，以保持这种"妻妾成群"的局面。在竞争中，通常都是体形最大的雄性获胜，不过它的支配地位或许也只能维持一个交配季节。为了在唯一的交配季节中取得支配地位，它必须增强体力，在为最高地位而战的战斗中获得胜利，并在整个交配季节中维持这种统治权。当然，可以想见，还有另一种策略——暗度陈仓。我们在灵长目动物（如狮尾狒狒）中发现了该策略的运用。那些体形小并且地位较低的雄性采取这一策略。它避免与它的大首领，即"妻妾成群"、占支配地位的狒狒，发生冲突，而是跟随它四处辗转，与其"妻妾"中的一个建立私情，并偷偷摸摸地进行交配。

还有一些物种，雄性个体与雌性个体在很长一段时间内保持着稳定的伴侣关系。许多鸟类（如天鹅、金雕和阿房鸟）和一些哺乳动物（如海狸）即是如此。除了"妻妾成群"和"一夫一妻"，还存在着一些其他策略，例如，几个雄性与几个雌性之间可以自由进行交配，如狮群。显然，雄性可以通过若干策略达到适切性：在一个季节进行多次交配，或者，长期供养一个或几个雌性及它们的幼仔。

在灵长目动物家族中，几乎各种社会形态都可能存在。一个极端的例子是猩猩。它们是独居动物——成年猩猩有它们自己的领地，雄性和雌性只有在交配时才在一起生活。幼仔由雌性抚养长大，而雄性在这方面则投入很少。另一个与其相反的例子是狒狒。它们生活在一个大群体中，采取多雄性的"一夫多妻"制。群体中有多个雄性、雌性狒狒及其幼仔。雄性狒狒为交配展开激烈的竞争，通常只有一个占支配地位的雄性狒狒，但是雄性成员们共同合作保卫领地安全，不受其他群体的侵犯。地位较低的雄性狒狒可能会进行秘密交配。黑猩猩也生活在由多个雄性和雌性组成的群体中，但是它们的社会形态却更加复杂。其中的小群体，例如雌性和她的幼仔或者夫妻俩，会分开行动去寻找食物，然后再返回到大群体中。黑猩猩的交配形式也是多种多样，例如雌性黑猩猩也许会与多个雄性进行交配，为避免雄性杀害幼仔，混淆父亲身份是一个很好的策略。还有些灵长目动物（如长臂猿）则是"一夫一妻"制，一个成年雄性、一个成年雌性和它们的幼仔组建成长期稳定的家庭。大猩猩是一雄多雌制的群体，群体中有一个占支配地位的雄性大猩猩和多个带着幼仔的雌性大猩猩，可能还有几个地位较低的雄性大猩猩。占支配地位的雄性大猩猩通常会尽力阻止曾与它交配过的雌性大猩猩同地位较低的雄性进行交配，或者是与居住在群体外的独居大猩猩进行交配。相反，一些美洲大陆的灵长目动物（如南美狨猴）采取一雌多雄制。它们所居住的群体中有一个带着幼仔的成年雌性狨猴，还有多个与它交配的成年雄性狨猴。在这种状况下，尽管雄性狨猴识别不出自己的幼仔，最好的办法就是把幼仔都视为己出，为雌性狨猴和幼仔提供食物。一般来说，人类都是一夫一妻制，两性之间形成长期的夫妻关系，并且父母双方都对孩子的成长尽心尽力。但是，如果你细读那些"周日报纸"就会知道，人类也会采用与他们的灵长目朋友相似的繁殖策略。

因为人类的生活史策略以每胎一孩为基础，所以对子女进行长时间的养育，父母双方共同投入、合理分工，以及稳定的夫妻关系成为理想策略。为了把孩子养大成人，父母尤其是母亲活得足够长久是很重要的。用达尔文的话来说，这样做是为了使把基因传给下一代的适切性更大化。如果母亲刚刚生下孩子后不久就死去，那么适切性会极大地降低。稍后我们会讨论这个问题——这或多或少能够解释绝经期出现的原因。我们也会看到，在人类的进化历史中，我们拥有比祖先更长的寿命。更加长寿意味着身体健康，能够养育子女甚至是孙子孙女。

除了病毒引发流行病（如流感）仍让人类坐立不安，其他物种未对人类构成多大的威胁。而来自人类自身的威胁却是真实存在的。我们已经身处其中，并在这样的环境中进行演化。人类作为由个体组成的群体，战争以及人与人之间的暴力仍旧是我们生存所面临的主要问题，如"核冬天"。从进化的角度对人类行为进行研究（鉴于人类卓尔不凡的学习能力，我们在用进化的观点理解人类时应非常谨慎）的社会生物学家认为，为了减少由这种恶性竞争引起的威胁，我们已经发展出一系列群体行为准则。在某种程度上，利他主义行为以及我们不断提升的道德和伦理标准正是由此而来。

人 为 差 异

我们不知道当面对"先天"和"后天"这对反义词时，读者们是否会和作者一样，心中一沉。我们认为这种区分是人为的，没有什么用处。现在我们就要对此作出解释。对于许多人来说，"先天"意味着基因，"后天"意味着环境。然而把"先天"看作遗传基因信息的想法过于笼统。事实上，正如我们所看到的那样，并非所有继承而得的特点都是源自基因，仅这一点就说明这种研究方法的局限性。我们遗传的基因基本上与其他人的基因相同；不同之处在于这些基因和其表达方式的细微差异。

我们的DNA是从父母的DNA复制而来。我们父母的基因来自受精卵中的DNA的副本，而该受精卵中的DNA来自我们的（外）祖父母。同样地，我们的（外）祖父母的DNA来自他们的父母。就这样一代复制一代。大约一万代之前，人类这一物种初具雏形。物种形成是一个持续的过程，我们的祖先从能够直立行走到成为智人并不是一蹴而就的神奇魔法。但若是追溯我们代代相传的DNA的起源，可以从直立人追溯到早期原始人类，到猿人，再到哺乳动物的始祖，乃至更早期的无脊椎动物，甚至到生命的初期形式——单细胞生物体。理查德·道金斯（Richard Dawkins）在他的《祖先的故事》（*The Ancestor's Tale*）一书中完美地阐释了这一过程。

在每个繁殖事件中，DNA 复制都可能发生偏差，这种偏差有的会造成小突变，有的甚至会引起大突变。有些变化对生物既无害也无益，有些变化则是不利的并被自然选择所淘汰。但是，有些变化在某个特殊环境下是有益的，并因此被放大。所以我们可以看到，同一个物种内处于不同环境中的生物，其变异性状会逐渐固化。随着时间的流逝，这些彼此隔离的生物可能会积累它们在基因结构上的差异，以至于最后它们之间不能成功地进行交配繁殖，就此，两个源于同一祖先的新的物种出现。人类和猿、大猩猩、黑猩猩、倭黑猩猩（矮小的黑猩猩）以及猩猩都是由同一个祖先进化而来。1 200 万年前和 700 万年前，我们分别与猩猩和大猩猩分化，大约 500 万年前又与黑猩猩和倭黑猩猩分化，所有这些从进化史的角度而言都是相对较近发生的事情。我们可以用各物种 DNA 的异同来描绘自生命第一次出现在这个星球以来的生物进化史，也可以据此绘制出 65 000 年前人类走出非洲移居其他大陆后各人类群体的关系谱系。黑猩猩与我们的血缘关系最近，我们与黑猩猩的 DNA 序列 95% 以上相同，这并不奇怪。奇怪的是，我们居然有大于 40% 和 20% 的基因组与果蝇和蛔虫相同。

基因结构的变异对我们应对环境的方式产生了深刻的影响。例如，罕见的槭糖尿病（maple syrup urine disease）就是由基因缺陷引起的。这种基因缺陷使得某些氨基酸（异亮氨酸、缬氨酸和亮氨酸）不能被正常分解，因而过量的氨基酸和异常代谢物会进入到尿液中，导致患有这种疾病的新生儿的尿液闻起来像槭糖浆——这确实是一个独特的诊断方式。如果没有得到及时治疗，这种异常状况会导致婴儿大脑损伤甚至死亡。婴儿一旦被诊断出患有这种疾病，如果不让他摄入会引起疾病的氨基酸，那么他的成长就会相对正常，然而这很难做到。对于婴儿来说，患这种病会危及生命，对于家人来说也是一件令人沮丧的事。这种疾病既可以看作是基因引起的，又可以看作是环境引起的，因为当给孩子食用恰当的食物时，这种疾病就不会发作。我们认为，把基因和环境割裂开来来研究生物学是不明智的——所有的生物学都是以基因和环境二者之间持续的相互作用为基础的。

生物发育过程中，这种相互作用尤为明显。钙可以帮助胎儿的骨骼发育。从母体输送到胎儿的钙量取决于母亲的饮食、所处的环境以及胎盘基因。如果营养不良或是缺少阳光照射，母体的维生素 D 含量低，她孕育的孩子易骨质疏松。但是，如果胎盘的胚胎区域发生一种特殊的基因（控制钙输送的基因）突变，限制了输送到胚胎的钙量，那么这种骨质疏松发生的可能性就更大。因此，基因的表达、母体的行为以及饮食三方面相互作用，共同决定了输送到婴儿骨骼中钙量的多少。这些基因和环境之间的相互作用是"发育可塑性"的基础。

一项发现表明，在我们的一生中，环境会使 DNA 本身的某个结构和活性发生改变。这些过程我们随后会在书中详细描述，现在只需说明的是，我们可以在 DNA 序列中的个别控制要点上改进 DNA 的化学结构，这对基因的启动和关闭意义非凡。

因此，环境能够通过改变基因的表达（是否表达、表达多少），而不是改变基因，对 DNA 的化学组成、性质和反应产生影响，这些影响可能是终生的。在生物学中，基因-环境交互作用已经成为热点话题。而当我们仔细研究这个问题时，"基因-环境交互作用"

这个术语就变得没有意义了，正如"先天"和"后天"。由于环境可能触发部分基因发生改变，基因和环境的概念确实很难界定。那些诱导表观遗传发生变化的最重要的环境信号出现在发育初期，这暗示我们——在我们的个性形成中，发育扮演着举足轻重的角色。希望现在我们能够阐述清楚，为何应该把注意力放在更加全面的概念（如"发育"）上，而不是一直争论"先天"还是"后天"。

成 功 选 择

除非你对某个特定基因的作用感兴趣，把生物个体视作一个整体、一个与环境相互作用的物种成员才是明智的选择。正是这种"相互作用"决定了生物体的命运。

进化中的自然选择究竟是作用于表型还是基因型？这一问题是 20 世纪进化生物学最具争议性的问题之一。乍看之下，答案似乎很明显：环境对表型选择起了作用，因为表型构成了个体的性状，生存和繁殖是否成功也依赖于这些性状。但进一步细思，从一代传到下一代的不是基因型吗？"选择"使有优势的性状得以代代相传，而基因型中的小突变导致了生物表型的多样性，这种多样性正是选择起作用的基础。如此，我们又回到了另一个"先天和后天""基因和环境"的争论中。事实上，辩论双方都是正确的。基因型变异导致生物产生一系列不同以往的表型，而这是环境压力下的自然选择。在某种程度上，表型特征是以基因为基础的，表型是基因型的外化。这已成为大多数进化生物学家的共识。

但是，一旦我们把发育这一因素考虑进去，上述观点就显得过于简单。人们很难理解，相同的受精卵如何发育成具有不同性状的成熟的个体？这在多大程度上由基因决定（即"可程式化"）？
环境的影响又能在多大程度上改变发育的轨道？对于这些问题人们
始终争论不休。直到伟大的生物学家伊万·伊万诺维齐·舒玛豪森
（Ivan Ivanovich Schmalhausen，1884—1963）和康拉德·瓦丁顿
（Conrad Waddington，1905—1975）为该问题奠定了实验和理论基
础，这个棘手的难题才稍有眉目。但是，他们的重要思想很快被淹
没在随后的基因知识大爆炸之中。伴随基因革命，对基因在早期发
育阶段的作用的研究呈现百花齐放之势。发育生物学几乎把所有注
意力都集中在两个问题上：基因是如何控制胚胎发育的各个方面；
早期胚胎细胞如何分裂、分化，并最终形成具有 200 多种细胞（存
在于不同器官和系统中）的生物体。从最初只关注基因的程序性作
用，到关注进化法则和环境效应的相互作用，人们对发育的认识渐
趋全面，这一认识转变历经了时日。近几十年，人们才真正对进
化、基因学、发育生物学以及生态学的关系有了全新的完整理解。

　　到目前为止，我们谈及表型时，仿佛任何特定性状都是以一
种成熟的形式被选择——在某种程度上这是正确的。棕色眼睛的
表型从一个人的眼睛开始发育起，便在这个人的一生中稳定下来。
但是在许多情况下，选择不是对性状本身起作用，而是影响应对
环境变化的能力，即生物体的适应能力。这也正是舒玛豪森和瓦
丁顿的基本观点。近几年来，其他研究发育可塑性的学者的观点
也出自于此。举个例子，如果生物体生活在一个温度变化不定的
环境中，选择会作用于它适应不同温度的能力。这就像，人们不
会选择只能输出固定热量的供热系统。一个 10 千瓦的加热器，在
冬天可能显得力不从心，在夏天又显然多余。人们会选择一个能
够设置不同发热量、甚至能感知外界温度并根据环境状况调节冷

热的空调系统。

骆驼拥有比人类更好的气温适应能力，因而能更好地应对极热或极冷的天气。与没有衣物包裹的人类不同，它们能够忍受白天高温晚上寒冷的沙漠气候。因此在骆驼进化的过程中，短期内适应各种温度环境的能力便是自然选择的结果。但是骆驼不能长时间地待在很冷的环境中——它只能在夜晚短暂的一段时间内抵御寒冷，但并不具备在寒冷中保存热量的能力。

自然选择对生物的适应能力产生影响，由此我们自然会想到另一个概念——"舒适区"，即生物体能够适应并适于繁殖的环境范围。这个区域没有明显的界线，生物体距离它的最佳舒适区越远，付出的代价可能就越大。在最佳舒适区中，生物体发展得最好，而在舒适区的边缘地带，生物体尽管难以蓬勃兴盛，但仍具备生存能力。事实上，许多动物包括人类都曾挑战他们舒适区的极限，有时甚至跨越这个极限。它们冒着风险走出那个安全的疆域，去与其他动物展开竞争，去寻找配偶并繁衍子嗣，去探索未知领地，或者躲避来自其他动物的威胁。但是长期来看，生活在"舒适区"之外，也许意味着动物不能完全顺天应时——在这样一种环境中，生活需要付出一定的代价，而且生物适切性也许会大打折扣。因此，对于在可能产生严重疾病的环境中生存的夏尔巴人而言，许多人即使能够适应当地环境并在陡峭的山谷中幸存下来，却不幸患上甲状腺肿大，而另一些人却不能够适应这样的生活，大脑出现了严重的发育障碍。综上所述，我们可以得出这样的结论：自然选择的作用是，挑选出那些或继承或发展出良好适应能力并与其生活居住环境相匹配的物种成员。

理论就说这么多，那么是否有办法使我们看到选择的实际作

用，或者能否直接对这种作用进行检测？确实可以。盾鳞棘背蛇
（tiger snake）是一种极其凶猛和危险的爬行动物，生活在澳大利亚
及其近海岛屿。这种蛇的颚类似两个可以活动的合页，使它们能够
整个吞下小型的哺乳动物、蛋或者鸟。有些盾鳞棘背蛇的颚较大，
另一些则较小，而且它们生活在澳大利亚的不同地区。多年来，有
这样一个假设：它们是盾鳞棘背蛇的两种不同遗传品系，就像巨型
贵宾犬和玩具贵宾犬，它们调控生长激素分泌的基因表达不同。合
乎逻辑的解释是，两种盾鳞棘背蛇的基因种群不同，它们控制颚发
育的基因表达存在差异。显然，不同大小的颚使蛇能够吞下不同大
小的捕获物。如果盾鳞棘背蛇所生活的环境中所有潜在猎物都是大
型的，但是它们的颚较小，那么它们很快就会灭绝。在这种环境
中，达尔文所说的自然选择会偏爱于长着较大颚的蛇，并且任何引
起较大颚的基因突变都会被优先选择。也许事实正是如此，这也许
就是为什么在猎物较大的地方只有大颚的盾鳞棘背蛇存在。另一方
面，如果盾鳞棘背蛇生活在猎物较小的地区，较大的颚又有什么用
呢？生长发育需要能量和资源。长一个比实际需要还大的颚，既浪
费能量又浪费资源。在这样的环境中，较小的颚更经济有效，引起
小颚的突变也就更受青睐。

早期发育的重要作用

澳大利亚科学家的一项实验表明，蛇的颚的大小不仅由基因决
定，而且还与其早期发育阶段所处环境息息相关。如果给盾鳞棘背
蛇中的小颚幼蛇喂以大尺寸的食物，它们的颚会随着年龄的增长变
大。由此，我们看到，生物幼体的性状以及在特定环境中的生存能

力，不仅由基因决定，而且还要受早期环境的影响。将来我们也许会找出决定颚的大小和发育速度的基因；或许我们还会发现由环境诱发的 DNA 结构上的表观遗传变化。换句话说，这意味着在身处猎物较大的环境中，有些蛇的颚会长得更大。进化选择了能够更好适应不同大小猎物的基因组。

以上论述无懈可击，但问题是，这同样适用于人类吗？也许答案是肯定的。因为在人类的历史中也有相似的例子。错位咬合是由于下颌与上颌在形状和比例上不协调而产生的。这造成人们咀嚼上的困难，感觉上也不舒服。错位咬合在人类历史中出现较晚，直到 17 世纪我们才发现这一现象。此后，我们还在基因稳定的种群（没有被新来的移居者改变的种群）中发现了错位咬合的现象。这一发现说明，错位咬合的出现不仅仅是由于颌骨的基因突变引起。人们认为，错位咬合的出现源自婴儿时期的饮食变化——从昔日粗糙的大粒食物到现代典型的婴儿食品，即匀浆膳食（blended diet）。因为在婴儿的生长发育时期，骨骼和肌肉具有可塑性，婴儿会对作用于它们的机械力做出反应，所以如果咀嚼得越少，颌部受到的压力和张力就越小，进而影响到它的发育，导致"错位咬合"的出现。其实，我们的颌骨更适合吃粗糙的食物，但现在我们不得不花钱去矫正牙齿。

发 育 可 塑 性

"可塑性"是生物学中的一个术语，用来说明表征和结构上的灵活性。某些身体组织的可塑性贯穿生命始终。例如，人的一生中，很多肌肉的大小都能发生变化，这取决于肌肉锻炼的程度。几乎所有肌肉纤维都具有可塑性。但身体的其他部位只有在发育的关键阶段才会发生改变。例如，心脏中肌肉纤维的数量早在胚胎发育时期就已确定，不会再改变。这种只在生命早期的某些关键期发生的可塑性过程，就是我们所说的"发育可塑性"（Developmental plasticity）。

发育可塑性，是生物体发育过程中通过调整性状来适应环境的一种重要机制，尤其当环境变化要持续很久时。在某种程度上，发育可塑性通过部分地使用表观遗传手段，使生物体结构以不同的方式发育，并调整基因表达，以适应生物体在发育过程中感知到的环境。因此，同一物种中的个体表型特征不尽相同，尽管它们在基因上完全相同。这就是非遗传多型性（polyphenism）。这在昆虫发育过程中极为常见，如蜜蜂。关于蜜蜂的研究有很多，在这里我们有必要就此展开进一步的探讨。

蜜蜂有着严格划分的社会结构，蜂群中的成员都各自的任务。工蜂和蜂后均分化于基因型相同的雌蜂。但是某一个个体要发育成哪种成年蜂，取决于它们在幼虫时期是如何被喂养大的。如果给幼蜂喂以由保育蜂的特殊腺体分泌的富含营养的蜂王浆，那么它成熟后就会成为一只蜂后。蜂后能够生育，但是它的口器发育并不完全，相对来说它的脑也较小。它长有较大的毒液腺体，可向敌人喷射毒液（确实不太友好）。蜂后既不干活，也不觅食。相比之下，如果把高蛋白的"虫食品"及某些花蜜和蜂蜜喂给幼蜂，那么它成熟后就会成为一只工蜂。工蜂幼虫能感知到由蜂后发出的不同强度的化学信号（信息素）。工蜂的后腿上有篮子状的结构用来装运花粉。它的钩形毒刺用来抵御捕食者和保卫蜂群。工蜂还有适合觅食的口器以及较大的脑部，但是它们通常不能生育。工蜂能够飞很远的距离（大约有 8 万千米），"访问"150 多万朵花，才能够酿出一罐我们在早餐桌上食用的蜂蜜。它们能记住花的具体方位和其他的明显标志。当返回蜂群时，它们就会跳复杂的舞步，向其他工蜂发出信号，告知它们自己去过的地方和发现的东西。这些是蜂群中不同类型的成年雌性蜜蜂，即工蜂和蜂后之间存在着的显著差异。这种差异是由于同样的雌性表型接触到不同种类的营养和信息素所致。这些都是蜜蜂生存所需的必要因素。同时，因为这些差异是可塑的，使得蜂群能够调整蜂后和工蜂的数量，以应对年复一年的环境变化。

另一些物种的发育可塑性可能没那么显著。但尽管如此，发育可塑性仍能调节生物表型，使其与所处的环境相匹配。与许多其他的两栖动物不同，锄足蟾生活在炎热、干燥的地区。它们在暂时形成的池塘里繁殖，用它们所特有的后腿挖地洞，这样就能够使它们在炎热的天气中存活下来，锄足蟾也因此而得名。在美国的亚利桑那州奇瓦瓦（Chihuahuan）沙漠中，同一片池塘里生活着两种锄足蟾。每种锄足蟾从受精卵到蝌蚪的发育方式取决于它们获得的营养量和营养种类，同样也取决于另一种锄足蟾蝌蚪的当前数量。随着蝌蚪的长大，它们的口器分化为适合食肉或适合杂食，前者以同类为食，后者吃池塘里的残渣。对其中的一种锄足蟾而言，尤其是在种群密度大的情况下，食肉蝌蚪生存的概率要大于食残渣的蝌蚪。另一种锄足蟾的情况则正好相反。这使得双方都获得了一种非常有效的生存策略。如果食物少了，蝌蚪的数量又很多，这就是告诉它们要改变发育的信号。结果是，在一种锄足蟾中，食肉蝌蚪的数量增长，食残渣的蝌蚪数量减少，另一组则截然相反。就像儿歌中唱的，杰克·斯普拉特（Jack Spratt）和他的妻子，他只吃瘦肉，他的妻子只吃肥肉，两种锄足蟾形成了不同的策略以保证各自的蝌蚪得到食物。

同样有趣的是，在蝌蚪阶段，环境对于发育的影响并没有中止。如果池塘环境达到最佳条件，蝌蚪变成蟾蜍之前会发育得足够大，同时长出四肢和肺，而尾巴和腮则悄然退化。如果池塘中的食物供给不足（更糟糕的是池塘开始干涸），蝌蚪就必须尽快变成蟾蜍否则就会死去。在这种状况下，尽早变形是最好的适应策略，但是这通常需要付出代价。不确定的变形意味着离开池塘的蟾蜍会更小。与体型正常的蟾蜍相比，它们在争夺食物和配偶权方面的竞争力就较弱。因为长得小，它们也更容易被鸟和蛇捕食。在蝌蚪阶段，它们战胜了恶劣环境而得以幸存，现在作为成年蟾蜍，它们又不得不饱尝生存艰辛。这个例子告诉我们，蟾蜍没有像蜜蜂一样改变身体的基本结构，而是在发育过程中对环境的信号做出反应，这对它们的一生产生了影响。为了继续生存而付出体型变小的代价，影响了它们的生存和繁殖能力。这种妥协是生物对环境信号做出发育反应的一个共同特点。此类关于发育可塑性的例子在人类中也同样可见。

因此，尽管所有生物的发育过程都与基因有着密切的联系，但生物的性状和生存策略并非完全取决于基因，而是生物体在发育过程中基因与环境的相互作用的结果。这些相互作用出现在生物体的早期生长阶段，并影响着生物体在随后的生命进程中如何应对环境。这些观点对于生活史理论和发育生物学的革命至关重要。因此，早期环境的影响，即便是非常小的影响，也会在日后得以凸显，也就不足为奇。特别是，如果环境变化出现在胚胎时期，其对妊娠的结果以及生物体的余生产生的影响则更是彰明较著了。

自然选择到底选择了什么?

在自然选择的过程中，被决定的不仅有生物体的身体构造，还包括生物体的适应能力以及在发育过程中应对环境变化所展示出的灵活性或可塑性的能力。假如生物所处的环境是稳定的或以一种可以预见的方式变化（如季节变化），选择的过程会试图使种群中的个体表型与环境实现良好匹配。因此，我们看到自然界中各种生物体的表型与其栖息的环境都相得无间。鸟类的喙是为它们进食而设计的最佳工具；蛎鹬有一个长而尖的喙，很适合在沙子中深挖；兀鹰（秃鹫）长着钝而坚韧的喙，很适合撕裂动物的尸体。加拉帕戈斯群岛以种类繁多的雀科鸣禽及其亚种闻名，这些鸟类的喙形状各异，能够取食不同种类的坚果和种子。为了使取食更加容易或免受捕食者的袭击，其他生物体也已经进化了某些性状。例如，北极熊的白色皮毛使海豹很难看到它在向它们靠近；竹节虫的外表看起来像树枝，饥饿的鸟也很难发现它。

目前，舒玛豪森和瓦丁顿提出的基本问题还未引起充分重视，同时我们（遗憾地说，甚至包括生物学家们）也忽略了以下两者的重要差异——作用于生物体明确的表型特征的选择，以及通过改变生物体适应环境挑战的能力进而导致其表型变化的选择。让我们看一个例子以便对该问题做出进一步解释。澳大利亚的兔子都来自同一品系。为了给早期来自英国的定居者提供食物，18世纪晚期，这种兔子被引入澳大利亚。现在它们遍布整个澳大利亚，成为令人讨厌的有害动物。澳大利亚北部的兔子比南部的耳朵更长。从适应性上来讲，这是合乎逻辑的，因为耳朵是兔子散热的主要通道，长耳朵的兔子更适应较热的气候。但是，带有长耳朵基因的兔子迁徙到北方就能生活得更好吗？究竟是这种对性状的选择使得那些迁徙到北方的短耳兔走向灭亡？还是说，当年引进的那些兔子的基因具有发育可塑性，导致出生在更温暖的北方地区的兔子耳朵较长，出生在较寒冷的南方地区的兔子耳朵较短呢？盾鳞棘背蛇显然为后一种情况提供了例证，至于澳大利亚的兔子属于哪一种就不甚明了了。在某种情况下，自然选择能在很短的时间内起作用，但是我们仍不十分清楚的是，选择的内容到底是固定的性状还是为适应环境而改变这种性状的能力。为弄清这个问题，我们需要把长耳兔带到南方去，把短耳兔带到北方。看看短耳兔后代的耳朵长度是否在短期或是几代后发生变化，它们的后代出生时耳朵长度是否有所不同，或者能够根据生存环境发生变化。

特化物种和泛化物种
(Specialist and generalist)

上述例子显示了进化的力量，它能够使生物体与它们所处的环境相匹配。但是这些例子也凸显了生物多样性的另一个特点：一种生物越适应环境，它的生活越受环境的限制；它们离开那个环境也许就不会生存得很好，因为它不能适应其他的生活环境。蟒蛇不具备能够适应苔原生活的表型，寒贼鸥也不能在亚马孙河流域存活。许多生物进化的结果就是只能适应特殊的小生境。野生状态下，大熊猫只能在海拔 1 200 米到 3 300 米之间的针叶林生存，那里有它们赖以生存的竹子。我们只能推测使熊猫处于这样一种境地的选择过程，但这一过程无疑使它们的生存面临很大的威胁，因为竹子日渐稀少。与熊猫的情况相似的还有考拉，它们只生活在澳大利亚长着蓝色桉树的地区。许多昆虫和无脊椎动物所能适应的环境范围在地域上来说也相当狭小。这些就是特化物种的例子，它们与栖居之地是如此匹配以至于它能繁荣发展的环境仅限于某片区区之地。

我们可以这样来考虑这个问题：这些特化物种在非常狭小的舒适区内生活，是由该生物的生理条件——例如，能很好地调节自身以适应这一环境范围内的变化——以及发生在这一环境中的彷徨变异（指在生物群体中某种性状的细小的、但是在数量上连续的变异）的程度和性质所致。因此，最佳舒适区不仅是由环境，还是由物种的适应能力决定的。对于特化物种，环境中的细微变化固然能够应对，但是不可预见的巨变也许就是灭顶之灾。

与之相对的，还有些生物能设法在各种环境中存活，称为泛化生物。通常，我们会想到害虫，因为相比户外的自然环境，它们显然更愿意与人类为伍。蟑螂、家鼠和田鼠都是我们熟悉的例子。无论在哪里，它们都是祸害。还有那些在乡村过得很惬意的狡猾的狐狸，即使来到大城市，它们靠夜间从垃圾箱里觅食仍然生存得很好。显然，所有物种中最泛化的当属"智人"（Homo sapiens）。人类的祖先设法以某种方式在安第斯山脉、死海附近、雨林和沙漠中生活。他们的婴儿可能出生在南极洲、纽约的摩天大厦或是蒙古的圆顶帐篷中——你能想出差别更大的环境吗？对于人类的婴儿和他们的母亲而言，四海可为家。

目前为止，我们并没有阐明"环境"一词的全部所指。环境不仅包括明显可感的自然环境——潮湿、干燥、炎热、寒冷、高纬度或低纬度、山地、平原等，还包括更加广义的社会环境——可获得的食物种类、捕食者的类型和数量、与其他物种的竞争、种群密度、社会结构以及寻找配偶的难易程度、寄生虫带来的负担等。所有这些因素以及其他许多环境因素都影响着生物的生长发育、健康状况和繁殖能力。

就像环境会变化一样，生物体调整自身以应对环境的彷徨变异的能力也在发生着改变。有时，环境变化会超出某一物种的适应能力，但是令人惊讶的是，另一物种也许能很好地适应这样的极端情况。泛化物种（如人类）有适应或应对各种环境的能力，但是它们并不像特化物种那样，具备完美契合某个特殊环境的特征。生物在一种环境中是"繁荣发展"（thriving）还是"存活"（surviving），对这两者加以区分是很重要的。某种程度的妥协会影响我们的健康和繁殖性能。但一旦我们远离舒适区的中心，就要做出某种妥协或是取舍。我们离舒适区的中心越远，为应对环境导致的生理和行为方面的改变就越大，直到发生质变。熊猫可以在英国伦敦的动物园里生活，却不如在中国的竹林地带生活得那么惬意。让动物饲养员沮丧的是，这样的环境不利于大熊猫的繁殖（很可能熊猫也同样沮丧）。北极熊能在温带存活，但是难以繁衍。有的作家当然能在喜马拉雅山高处工作，但是这种工作环境不能说是令人愉悦的。即使是夏尔巴人，通常也不在海拔这么高的地方生活。在珠穆朗玛峰的山坡上，登山者气喘吁吁，筋疲力尽，抬头却看到衰羽鹤从他们的头顶优雅地飞过。它们是如何做到的呢？衰羽鹤在进化过程中发展出了强大的肺、适合飞行的肌肉以及高效能的血液携氧机制，这些都使得它们能够适应高海拔的环境。美国西南部的沙漠地区是更格卢鼠（kangaroo rat）的故乡，这种啮齿动物以种子为食，善于用后腿跳跃，好似袋鼠一般，但实际上并非有袋目动物。更格卢鼠非常适应在缺水的环境下生活，它甚至根本不需要水，它们可以通过正常的碳水化合物代谢产生二氧化碳和水，因此，更格卢鼠能依靠自身新陈代谢产生的水生存（假如食物充足的话）。但人类不能在沙漠中生存，除非他们有足够的水源。因此，尽管我们能够成功地应对许多类型的环境，我们不能与某些非常特别的极端小生境相匹配，而其他一些特化物种则能在这种小生境中繁荣发展。

适　应

就像其他物种一样，对于人类来说，成功的生活同样意味着与环境的完美匹配，即生活在舒适区。通常，人类通过改造外界环境来实现这一目标。但是，并非只有人类如此。白蚁建在土丘上的巢穴是经过精心设计的，无论外界的温度变化多大，内部的温度都是可以控制的，白蚁堪称天才的空调系统工程师。河狸的巢穴阻隔性上佳，不仅冬暖夏凉，还能有力抵御捕食者的入侵。但是，这是否意味着人类也能像这些物种一样，很好地适应他们的生存环境？

为了回答这个问题，我们需要明确"适应"一词的含义。进化生物学家对这个词的使用很严格。他们所说的"适应"是指自然选择后的结果，这个结果使生物体的构造与它所在的环境相匹配。而生理学者也使用"适应"这个词，但通常指非常短期的适应反应，例如我们机体通过调节作用，维护内环境稳定的过程，术语称为"稳态"。比如：我们通过出汗来使体内的热量散发出去；身体脱水时，排尿会相应减少并会感到口渴；等等。将这两种极端的时间尺度相结合，我们可以这么认为，适应就是物种通过千秋万代的进化来选择生活史策略的遗传定子、成熟的表型、适应和稳态能力以及发育可塑性的过程。这些因素都旨在提高生物体与其所处环境的匹配程度。

绝大多数环境的变化都是无法预知的，或者在短期内超出了生物进化所能应付的范围。此时，生物体必须尽其所能应对变化。生物体本身具备一系列生理结构可以帮助其应对不测。因此生物体是否能够成功地生存下来，或多或少取决于环境的改变程度和其自身的适应能力。除此之外，它们或者迁徙到与它们更匹配的环境中，或者尝试改造环境。要弄明白人类适应环境的能力如何，我们需要逐一考虑这些策略。

在舒适区之外

人类拥有修正自身行为和改善所处环境的非凡能力，因而可以适应形形色色的环境。但是当我们离舒适区的中心越来越远时，就会产生潜在的代价。设想一下，滑雪事故后我们迷失深山中，又不能添加衣服，为了保暖我们就要一直活动。这就意味着我们要比静默不动时消耗更多的能量，更频繁地需要食物和水的补给。当然，我们也可以挖一个雪洞躲避严寒。在晚上，这可能是最安全的办法，但是这意味着我们暂时无法回到安全的地方，救援人员很可能看不到我们。在这种状况下，很难计算出采取某种特殊的应对策略可能产生的代价，而做出错误的选择也许会导致致命后果。

　　有时，我们对环境的适应是不完全的，这同样会产生代价。甲状腺肿大是夏尔巴人为将甲状腺激素控制在正常水平而付出的代价。某些情况下，甲状腺肿大给个体带来了相对较小的损失——只是脖子变粗，有时则会产生严重的后果——甲状腺激素水平过低，罹患呆小病。我们的研究解释了为什么有些夏尔巴人不会受到甲状腺素不足的影响。一个甲状腺素（一种主要的甲状腺激素）分子由氨基酸和 4 个碘原子组成，即四碘甲状腺原氨酸（T4），T4 是甲状腺素在血液循环中的主要形式。但甲状腺激素的生物活性形式只含有 3 个碘原子，由四碘甲状腺原氨酸在周围组织中脱去一个碘原子生成，即三碘甲状腺原氨酸（T3）。但是我们发现，在夏尔巴人体内，肿大的甲状腺分泌更多的是三碘甲状腺原氨酸而非四碘甲状腺原氨酸。这意味着，在碘摄入量固定的情况下，腺体能够分泌出更多具生物活性的甲状腺激素，并使其直接进入血液中。对于某些个体来说，这足以阻止甲状腺功能减退给身体带来的不良影响，这是身体内部尽力适应缺碘饮食的应激机制。

　　当人类走出非洲迁居别处时，他们在欧洲等更北的地区开辟新栖居地，那里日照量较少，气候也更加凉爽，更利于狩猎、耕种及驯养家畜。但新的环境也对他们提出了新的挑战。例如，日照时间减少，尤其是冬天的那几个月里，人们皮肤中经阳光照射而合成的维生素 D 也随之减少，阳光能够把我们从食物中摄取的一种前体物质转化成活性维生素 D。维生素 D 对于许多身体机能的正常运转至关重要，尤其是对于发育过程中骨骼的形成和钙的沉积。维生素 D 含量长期低下的人易患佝偻病，并伴随骨骼畸形。缺乏维生素 D 的中年人更易患骨质疏松症，甚至一个小趔趄也会引发骨折。然而在非洲这些都不会成为问题，因为那里全年日照充足。黑色素可以保护皮肤免受阳光的进一步侵害，因此我们的非洲先祖在进化中形成了黝黑的肤色。在向北迁居的过程中，人类皮肤颜色逐渐变浅，以减少被过滤的太阳光线，使维生素 D 达到最佳水平。为此，人类也付出了代价，肤色浅的人得皮肤癌的风险更大，甚至在欧洲的夏天，如果长时间暴露在阳光下，也会导致皮肤癌。在这里我们不对此多加探讨。但是以上所述说明，同许多其他动物一样，为了获得某种生存优势（例如，选择在更加凉爽的环境中生活），人类有时也不得不付出某些代价（如增加患皮肤癌的风险）。这种妥协为我们理解人类衰老问题提供了重要的视角。后面我们还会提及该问题。

迁徙还是改变环境？

对于生物体而言，如果环境变化使它们离开了原本的舒适区，应对的方法之一就是改变所处的环境。最顺理成章的做法是"迁居"。说到"迁居"，我们通常会想到鸟类的迁徙。北极燕鸥每年要在南极、北极之间来回迁徙，距离长达 3.5 万千米。有些哺乳动物也会迁徙。座头鲸从南印度洋迁徙到南极，在那里度过夏天，以一种甲壳纲动物——南极磷虾为食。冬天到来时，它们击浪 2 400 多千米，去到北方，在那里交配或产仔。但是，有时物种所处环境的变化更细微、更缓慢。在美国新墨西哥州，因为气候变化，适宜西黄松生长的地理地带发生了改变，这又影响了栖居其间的昆虫和鸟类的分布。对这些生态变化的研究是我们了解全球气候变化的主要手段。例如，人们认为不断上升的海水温度改变了某种浮游生物生存的环境，导致了以这种浮游生物为食的姥鲨（basking shark）将其栖息地北移。

人类是出色的迁徙者。人类迁徙的主要原因是环境的变化，例如，过于拥挤的空间和有限的食物供应是导致波利尼西亚人发起大迁徙的主要原因。在上一个冰河时期，冰川变化使得 6 万年前至 3 万年前的智人和尼安德特人迁徙到欧洲各地。即使是像图瓦雷克这样的现代游牧部落，也仍在不断地辗转四处，以便为他们的家畜提供丰足的食物，这样他们才能在恶劣的环境中生存下来。

但是对于人类来说，适应环境的策略不只是迁徙。当我们不迁徙就能改变环境的时候，为什么还要另觅生存之地？火、衣服、房屋以及狩猎工具的发展都是原始人在技术上的进步。这些因素使他们能在更大范围的环境内生存并且繁衍不息。没有这些技术上的进步，因纽特人就不能在北极地区生活。同样，其他物种也能在某种程度上改变并创建它们自己的生存环境。蜜蜂和白蚁在它们创建的巢穴中生存、繁育后代。有些白蚁甚至已经发展出了一种原始的农业形式——它们让蚜虫产乳，以此作为内部的食物供给。这些从身体结构到行为活动的特殊的适应机制，使各个物种能够在大千世界中占据属于自己的一席之地。

人类之所以是一种成功的泛化物种，很大程度上得益于我们在技术创新方面的本领。这使我们即便是在迥然不同的、不断变化的环境中也能建造房屋并获得食物。就比如，由于殖民地被过度开垦，在过去的几百年里，西非的荒漠草原已经从热带草原变成半沙漠地带，但即便如此，人类一直生活在那里。

人类控制环境的另一种形式是社会结构的变迁。由于发展农业需要人们有安定的居所、发展专业技能并与其他公社开展贸易，当农业被引进人类社会时曾引发剧变。为了能在更大的环境范围内生活，人类改变了他们的社会结构以及生活的方方面面。但是他们要为这种创新能力付出代价吗？代价几何？乍看起来，代价不大，因为人类的成就远非仅限温饱，在很多环境中，他们的发展堪称欣欣向荣。我们毕竟是一种已经取得巨大成功的物种。但也许其中存在着潜在的代价，即为适应而付出的成本也许是隐蔽的——这是本书第二部分的主题。

失　　败

严重的错位也许意味着某种环境完全超出了个体的适应能力。如果它不能在该环境中立足，又不能移居到一个更加有利的环境，并且如果同物种中的其他成员也要面对同样问题，那么未来就很黯淡——它们将面临灭绝。

让维多利亚时期的地质学家欢欣鼓舞的化石记录也是达尔文形成物种起源学说的关键，其中包含了大量与物种灭绝相关的信息。说到物种灭绝，最著名的例子当数白垩纪末期（大约 6 500 万年前）恐龙的神秘消失。虽然我们并不清楚恐龙灭绝的真正原因，但是小行星与地球的撞击可能是最能令人信服的解释。达尔文和与他同时代的人认为，冰川消融和地壳隆起逐渐导致了地表产生巨变，进而导致恐龙灭绝。他们的这种观点源于伟大的地质学家莱尔（Lyell）的地质渐变论。实际上，达尔文曾写过一本关于珊瑚礁起源的书。他意识到，地表的变化能将物种隔离开来，使它们生存在不同的环境中，这样自然选择就可以在不同的种群中发挥不同的作用，并最终导致物种分化，新的物种由此产生。

无论多小规模的物种灭绝，例如某种小型无脊椎动物物种的消失，都可以视为物种在适应环境方面力有不逮。有时环境变化也许很小，也许对于这种生物来说只是一系列的"倒霉事件"，例如它的天敌繁殖旺盛、竞争者控制了食物源、温度小幅下降引起植物性食物长势不好，等等。但对于该物种而言，这种变化的影响不亚于尤卡坦半岛上小行星撞击对恐龙的影响，这次撞击在很短的时间内改变了地球上很多地区的面貌。

通过检测化石记录，人们对物种演变——即一个物种的消失和另一个物种的出现——的速度和时机进行了详尽的研究。持突变论观点的人同持渐变论观点的人展开了激烈的争辩。前者认为进化是突然的、剧烈的过程，之前是长时间的平静时期；而后者却认为进化是一个逐步渐进的过程。我们不加入这场辩论，但是我们不得不回到化石中去看看灭绝的例子。渡渡鸟是一种大型的、体态丰满的、不会飞的鸟，它们曾生活在毛里求斯岛上。直到16世纪葡萄牙人和荷兰人到来后，这个岛才有人居住。渡渡鸟不害怕人类，事实上它们对人类很好奇。这些渡渡鸟很少躲避海员，最终它们被过度地猎捕以致灭绝了。而海员们误把渡渡鸟的好奇心当作愚蠢，并用葡萄牙语中的"愚蠢"一词为它们命名。其他被引入岛内的动物，例如狗，也加快了渡渡鸟的灭绝。在被发现仅83年后，渡渡鸟就灭绝了。近代以来的物种灭绝（根据世界环境保护组织的保守估计，在过去的近500年中有800多个物种灭绝）也多与环境影响有关，人类活动踪迹遍布世界各个角落。人类的出现会引起栖息地环境的显著改变。此外，物种的灭绝也应归咎于我们对资源的过度开发、有害外来物种的引进，以及气候变化等因素。目前，生物灭绝的速度比从化石记录中估计出的"自然"灭绝速度大约要高出1 000倍。可以说，人类对其他物种产生的影响堪比6 500万年前导致恐龙灭绝的小行星撞击。

物种灭绝似乎只是我们进化历史的一部分。现在我们知道，6.5万年前走出非洲的智人，与欧洲的尼安德特人有了接触。尼安德特人也是由直立人进化而来的，但是他们早就移居到了欧洲，并在那里繁衍兴盛。我们可以想象这两个种群接触的后果，一方是在那个环境中已经牢固确立地位的尼安德特人，另一方是具有创新技能和能制造复杂工具的智人。同进化历史中许多同类情节一样，对食物和庇护所的争夺最终导致了尼安德特人的灭绝。

很明显，对一个物种来说，它的灭绝是生理适应的失败。但是，移居到另一个小生境中也未必是明智之举，特别是对于一些特化物种而言。那些更有利的小生境也许已经被能高度适应此地并成功扎根的物种或变异体完全占领。特化性为特化物种带来了内在的危险或潜在的代价，因为这种特化性限制了它们在他处生存的能力。在历经时空变化的旅行中，只采取一种适应性方式，意味着排除了其他的适应策略选项。

我 们 在 哪 里?

从人类诞生至今，我们的环境在许多方面发生了变化。我们只能应对或适应环境吗？如果是这样，我们需要为此付出哪些代价？就像其他的物种一样，当我们与所处的环境不再匹配时，如果我们不想灭绝，就必须适应或者付出代价去应对环境。患有甲状腺肿大的夏尔巴妇女就是一个例子，她们虽然能够生育，但不幸的是新生儿经常是呆小症患者，他们只能承受这种由环境引起的神经方面的缺陷。非洲冈比亚的马林克人不得不尽力去适应那里极端分明的雨旱两季。那里一年中有几个月非常潮湿，只有一段时期适合农业生产，这会引发饥荒。显然，在饥荒季节中疾病的发生率比在丰收季节要高。冈比亚怀孕的妇女在饥荒季节中生的小孩体形较小，发病率和死亡率更高，许多婴儿没有活到成年便夭折。

　　因此，和其他物种一样，进化使人类拥有适应某种环境的体质，但是真实生存的环境往往与他们的舒适区相差甚远，因而付出代价是必不可免的。在很多情况下，这种代价就是疾病。与所处环境的错位就是很多疾病产生的主要原因。之后，我们会在本书中再次谈及这个问题。令人遗憾的是，每天人类都要为生理状态与居住环境不匹配而付出代价（包括一部分人为的代价），无论是在发达国家还是发展中国家都是如此。

第二章

我们从哪里来？

在英国萨塞克斯郡的酒馆里闲逛，总是令人备感愉悦。在这里，你会受到热情的欢迎，同时还可以放松心情，畅饮啤酒，与当地人交谈。我们曾经遇到过一位年老的农民，当时他正坐在炉火旁，爱犬就伏在他的脚边打盹。像其他的陌生人初次见面一样，我们先谈论天气（这是英国人的习俗，与陌生人会面，首先要谈论天气这个话题），然后话题自然就转到各自的职业和来到这里的原因。那个农民回答说："我为什么到这里来？是因为我家就在这个村子。这条路上其他的酒馆很吵，酒也很糟糕。"这虽然不是我们所期待的答案，但是这样的回答足以使我们的谈话能够进行下去。同样，他的回答也可能是这样："你是什么意思？我为什么到这里来？我生在这里，长在这里，很可能也会死在这里。我为什么要去别的地方呢？"或者，他也可能这样回答："啊，你看，我的祖先跟随诺曼底人来到这里，所以近千年来我的家人一直生活在这个地区。"

那个农民对问题的 3 种作答都无可挑剔，但是不同的回答有不同的内涵。说到他的祖先，他涉及的是一段导致他当前生活的悠久历史。说到他在村子里长大，他指的是他本人的个人历史。而他对那条路上的其他酒馆所做的评价，是解释他出现在这个酒馆的原因，即他对短时间内的环境做出的选择。

遗　传

　　萨塞克斯郡酒馆中的经历告诉我们，我们能以几种截然不同的时间跨度来看待自己。38亿年前，我们的DNA在某种原始的化合物中孕育产生，并自此开始复制，生生不息，代代相传，地球上的生灵也皆由此产生。复制DNA的能力是生命薪火相继的起点。进化的力量控制着复制中的DNA所包含的信息，决定着千千万万的植物、藻类、无脊椎和脊椎动物的繁衍与灭绝。大约2.5亿年前，第一只哺乳动物出现。大约700万年至600万年前，首个原始人开始行走在地球上。大约15万年前，原始人中的某一支进化为早期智人。大约6.5万年前，一些智人走出非洲，迁徙到其他地区。大约1万年至35 000年前，我们的祖先开始定居并从事农业生产。但是一般而言，我们的祖父母仅仅出生在150年至60年前（这取决于我们的年龄），我们的父母也仅仅出生在100年至35年前，而那颗孕育我们生命的卵子则生成于我们的母亲卵巢成熟后。

　　因此，根据不同的角度，我们可以认为自己正携带着一份积累了近40亿年的"遗产"，也可以自视为一份积累了几十年的"家产"的继承人。我们继承的，不仅仅是经过38亿年进化选择且正在复制的DNA，还有从我们的祖父母、父母以及我们所处的社会中获得的其他形式的"遗产"，后者与基因无直接关系。

　　问题又来了，在生物学中我们所说的"遗传"指的是什么呢？一个模糊的定义是：遗传就是继承家族的特点。一个较为严格的定义是：遗传是把父母一方的基因信息传递给子代，其中不包括上面提到的"其他形式的遗产"。长期以来，基因学家对家族性或群发性疾病很感兴趣。通过对这些疾病的研究，他们希望找到这些疾病的基因基础。研究显示，尽管成人发病型糖尿病（Adult onset diabetes）有家族遗传倾向，但并不绝对。相对而言，肥胖症的基因基础更加脆弱。在很罕见的情况下，肥胖症和糖尿病可完全由基因引起。实际上，绝大多数肥胖症和糖尿病的形成是多种因素共同作用的结果，有些可能是"遗传"的，但这种"遗传"与纯基因导致的方式不同——一个家庭的饮食习惯和运动习惯通常很相似，这一环境因素是促成肥胖症或糖尿病出现的原因之一。一般情况下，遗传和环境相互作用，共同导致某种疾病的产生。如果具有遗传易感性（genetic predisposition）的人摄入过多的卡路里，又缺乏锻炼，就很可能患上糖尿病。

因此，有时家族性疾病可能既有基因基础又有非基因基础，或者根本与基因毫无关系。乌克兰北部城市切尔诺贝利附近的几代居民易患各种癌症，但这不一定就表明他们有共同的遗传基因，原因很可能是他们经常暴露在有辐射的环境中。但是，环境对个体的影响会通过基因遗传给下一代。切尔诺贝利的核电站发出的核辐射可能会引起当地某些男性精子 DNA 产生突变，进而对下一代产生影响。

可见，环境的影响可在代与代之间传递，但有时表现得并不十分明显。埃塞俄比亚阿法尔高地（Afar highlands）的人们世世代代都生活在非常贫困的环境中。假如离开这片地区，比如到一个发达国家，他们在生理上仍保留着对原环境的某种记忆。我们之所以能够发现这种状况，是因为当他们从贫瘠的环境来到富裕的环境，营养摄入发生急剧变化时，他们患糖尿病的概率提高了。会得糖尿病不仅仅是因为他们有患糖尿病的基因——不可能那么简单，因为当他们在埃塞俄比亚高地生活的时候，患糖尿病的可能性很低。而是因为当他们身在富裕环境中时，他们早期所处的营养缺乏的环境影响了他们体内基因的作用方式，这种影响有时会遗传给下一代。我们将这种现象称为"表观遗传"，这也是现代生物学中最引人注目的景观之一。虽然表观遗传颇具争议，发展中又与政治有着千丝万缕的关系，但我们认为，在生物学中，表观遗传学革命与以人类基因组测序为代表的基因组革命同等重要。可以说，前者对人类医学有着更加深远的影响。

　　遗传的另一种形式与基因没有任何关系，而是纯文化性的。许多家族性行为具有可遗传性。例如，我们中的一个人的儿子有一个怪癖，他嚼一点报纸，然后吐纸球，弄得屋子里都是。他已故的祖父也有同样的习惯。这是某一基因导致的，还是仅仅是这个男孩对他祖父的模仿？目前，有多少肥胖症的发生正是源于父母为子女安排的饮食和活动（也就是缺乏锻炼）？这种非基因的遗传疾病与我们对某种运动、宗教信仰等的喜好有些相似之处，因为在这些方面，我们的父母对我们有着或积极或消极的影响。几乎没有人会认为某些人对板球、耆那教（印度禁欲宗教）或法西斯主义的选择源自基因，我们应该庆幸基因与法西斯主义的形成毫无关系。

　　最近几十年，尤其是过去的 20 年，医学研究的焦点之一是对疾病基因基础的探索，因为人们相信多数疾病与基因有关。但是世界上没有什么事情是泾渭分明的，人类许多健康和疾病问题都与文化、发育和表观遗传息息相关，并且其中的一些影响会明确地遗传至下一代。长期以来，基因中心论（genocentric view）在医学界中占据主导，对此我们深表担忧。因为持基因中心论的人会低估环境和发育这两个重要的后天因素的作用。人类基因组测序的成功无疑是科技领域的巨大成就，它引发了新一轮的生物学知识大爆炸，当然，它也吸收了大量的研究资助。但这项成功并不能解决一切问题，事实上我们依旧任重道远。

在本章中，我们将从不同的时间视角来考察各种遗传类型，并探讨其形成的过程。

进化是如何起作用的？

人们从达尔文《物种起源》一书中所得的结论使威尔伯福斯（Wilberforce）大主教大为震惊。这本书提出，我们人类是从猿进化而来的。在牛津，大主教和托马斯·赫胥黎（Thomas Huxley）展开了一场关于进化论的著名辩论，影响深远。1925 年，在美国的田纳西州，一位年轻教师约翰·托马斯·斯科普斯（John Thomas Scopes）因为使用提到了进化论的教科书而受到审判。事实上，威尔伯福斯主教忽略了一点：我们不是猿的后代，我们和猿、大鼠、小鼠、鲨鱼、蟾蜍、蟑螂、蚊子、海参以及蚯蚓等一样，拥有共同的祖先，即某个原始的单细胞生物体。在那以前，它的祖先从更原始的有机体中进化而来。这些有机体都具有复制的能力，但是可能不具备 DNA。人类现在仍无法确定是否可以从 DNA（脱氧核糖核酸）和 RNA（核糖核酸）复制的角度定义生命的最终起源。与"宇宙起源于何处"一样，这一问题也是科学领域的一大未解之谜——也许永远无法得出答案。

但是，如果我们把这个问题简单化，即把首次复制的 DNA 作为我们连绵不绝的遗传过程的起始，那么基因就是遗传的基本单位，进化就是决定遗传特征的过程。进化帮助生物选择那些在当前环境中提高繁殖性能的基因，丢弃那些不利于提高繁殖性能的基因。进化的关键在于变异，变异使一些生物体成功繁殖（即把它们的基因遗传给下一代）的可能性更大。因此，达尔文进化论的三个基本原则是变异、选择和遗传。

有两种截然不同但相互关联的选择形式。当基因控制的性状使个体在某一特定环境中具备生存优势时，自然选择就发生了。换句话说，当个体与环境匹配得很好，它就很可能成功繁殖，并把这些基因遗传给它的后代；反之则不然。由于这一过程的持续进行，种群中的基因库改变了。从遗传学的角度来看，这一过程十分漫长，但不一定总是如此。自然选择的过程缓慢，一方面是由于除了基因还有一些情况影响着所要选择的性状，另一方面也是由于很多性状是由多个基因控制的。例如，动物颚的形状与 100 多个基因有关。

人类基因组中有不到 2.5 万个基因，人体基因的作用方式却相当复杂。这种复杂性部分源自人体基因复杂且相互作用的网状体系，在该体系中，许多基因产物相互作用，从而创造出生物体的某一性状（例如颚的形状）。这一复杂性还源自基因调控机制的复杂。这种调控机制可以控制基因的开关，或者调节它们在不同状况下的活动水平。此外，这种复杂性也是由于基因合成各种蛋白质时，不仅要调控 DNA 水平，还要经历繁复的基因表达过程。基因表达的关键是调节（转录）因子，它们本身是基因表达的产物，同时又调节着其他基因的表达。这有点像管风琴的音栓，通过不同组合影响键盘和踏板发出的声音。因此，尽管基因变异在某种程度上决定了选择的作用方式，但其他因素在创造生物体的特征变异方面同等重要，甚至更为重要，在后者中，发育和环境的影响不容忽视。

如果非洲稀树草原的阿拉伯胶树很高，那么带有更长脖子基因的长颈鹿将被积极选择，因为这些长颈鹿能吃得更好、更加健康，并且更容易繁殖成功，而那些脖子较短的长颈鹿则更容易出现营养不良或患上致命疾病。这就是对自然选择机制的经典描述。值得注意的是，在这里，自然选择的作用范围只局限于长颈鹿的脖子，因为更长的脖子使得它们在所处的环境中更具生存优势。霍加狓与长颈鹿是近亲，但霍加狓的脖子很短，因为它们以低矮的灌木叶和草为食。我们之所以用长颈鹿为例来说明自然选择的作用，是因为这个例子在历史上多次被提起。达尔文曾提到过这个例子，有人怀疑这是因为早期的原始进化主义者，如拉马克（Lamarck）也曾提及该例子。

让－巴蒂斯特·拉马克（Jean-Baptiste Pierre Antoine de Monet, Chevalier de Lamarck，1744—1829）生活在 18 世纪末法国大革命时期，他是一位知识渊博的植物学家、分类学家以及见解独到的思想家。遗憾的是，他的思想经常被错误地引用。事实上，世人引述的与他有关的观点，大多并非出自他本人。在他生活的年代，他的创新思想不被认可，尤其不被他的反对者认可。最终，可怜的拉马克名声扫地，默默地离开了人世。以长颈鹿的案例为例，他的观点概括而言就是：长颈鹿为了吃到位于高处的多汁的树叶，而经历了一段拉长脖子的过程，这种特征会遗传给下一代，下一代的脖子会更长，如果下一代再拉长脖子，它们同样会遗传给下一代的后代。这个概念被称为"获得性遗传"（the inheritance of acquired characteristics）。这个理论虽没有任何科学依据，但是，拉马克却是试图从遗传角度解释物种相似性和差异性的第一人。另一方面，当获得性状没被遗传时，有相当多的证据能够证明环境因素也会影响性状，并能把有关环境的信息传给下一代。现在有一种重要的科学思想不幸被命名为"新拉马克主义"（neo-Lamarckian），显然带有贬义。该思想认为，环境记忆可能在几代之间遗传——然而是以一种截然不同但重要的方式，之后我们会对此进行探讨。

在我们结束讨论长颈鹿的例子之前，有一点值得我们注意：近年来，越来越多的发现表明，动物长脖子的基础也许源自另一种选择形式——性选择。就像许多雄性物种一样，雄性长颈鹿不得不去竞争以获得交配权。它们之间的打斗被形象地称为"棒击"（clubbing）。在这一过程中，雄性长颈鹿像抢棍棒一样冲着对方摆动它们的头，长脖子成为一种危险武器，长颈鹿仿佛一把长柄斧头，有时这些打斗甚至会使它们丧命。显然，较长脖子的长颈鹿更具杀伤力，很可能在争夺最高权力的战斗中获胜或者受到雌性长颈鹿的青睐，从而赢得交配权。

性选择是达尔文另一本重要著作《人类的由来及性选择》（ *The Descent of Man and Selection in Relation to Sex*，1871）一书的主题。这本书一直处于《物种起源》的巨大光环之下，因而经常被人们忽略。《物种起源》一书的重要性在于，书中的很多观点构成了当下人们对进化认识的基础。在《人类的由来及性选择》一书中，达尔文提出性选择与自然选择同等重要，前者也决定了有优势的性状更可能遗传给下一代。但是，在性选择理论中，优势性状能否被遗传还取决于生物自身是否能够吸引异性或是更占据统治地位，进而增加交配成功的概率。

在大多数物种中，并不是每一个雄性都有同样的繁殖机会，这与雌性的情况不同。有些物种（如长颈鹿）中，能交配的雄性统治其他不能交配的雄性，因此那些占据统治地位的雄性的性状被一代又一代地放大。这个问题困扰了达尔文多年，即这种情况为什么只发生在雄性身上？当时的达尔文并不知道，染色体和性激素决定了生物的性别。对哺乳动物而言，Y 染色体上的基因促进睾丸的形成和睾丸激素的分泌，进而使雄性发育出与雌性不同的特征。一个很好的例子就是，雄赤鹿壮观的鹿角（它们不长在后面）。处在发情期的雄鹿用鹿角进行较量，以取得交配权。这种选择也决定了两性的体形差异——雄性的体形更大，以便在争夺交配权的战斗中取胜。在某些物种（如华脐鱼和象海豹）中，雌性和雄性的体形差异相当悬殊。这种体形差异也体现了与两性竞争相关的选择结果，因为尽管雄性和雌性生命进程策略（life-course strategies）不同，他们可能也会为有限的资源展开竞争。

但是在某些物种中，交配的成功并非取决于雄性的武力值，而是源自雌性的主动选择。雌性的选择可能不是以雄性的力量表现为依据，而是基于雌性对雄性外表的判断。讨论这个问题，不得不从拟人化视角出发。雌性择偶是否是基于某种美学标准？也许是根据雄性的颜色，正如在许多鸟类（如绿头野鸭）或鱼类（如虹鳟）中，雄性身体两侧的彩色斑纹会强烈吸引雌性。也许吸引雌性的不一定是雄性的体貌特征，而是某些行为活动。例如雄性凤头鸊鷉的翩翩起舞，园丁鸟在亲自建造的巢穴中添置各种五光十色的小玩意儿，或是雄性金丝雀让雌性同类春心荡漾的歌声。杂志的调查经常会得出这样的结论：在选择配偶时，女性最重视的特质之一是男性的幽默感。

此外，雌性也可能把雄性的外表作为评判其是否具有某些特征的标志，并将这种特征当作赋予它自己或后代的"财富"。最有名的例子当属孔雀尾巴的长度。雄孔雀的尾巴越长，越能吸引雌性孔雀。人们相信这是性选择的结果，而这同样可以视作帮助雌孔雀辨别何为强壮的雄孔雀的方法，因为只有强壮的雄孔雀才能够有体力竖起如此沉重的尾巴并到处走动，这样的雄孔雀看起来也更可能繁衍强壮的后代。

另一个关于性选择的经典例子是爱尔兰麋鹿（Irish elk）。这种不寻常的动物既非爱尔兰特有也不属于麋鹿——它们曾经生活在欧亚大陆，是已知最大的鹿。它们站立时，地面到背部的高度可达两米，鹿角长约 3.5 米。大约 1 万年前，在最近的一次冰河时期末，这一物种消失了，灭绝的原因尚不明确。但是那个时期人口数量不断增长，人类对它们的大量捕食很可能是促使其灭绝的主要原因。在植被生长迅速的环境中，长着巨大鹿角的麋鹿要逃避狩猎者十分困难。爱尔兰麋鹿鹿角虽然看起来令人叹为观止，但是大多数情况下很可能只是作为求偶的工具，以展示这种动物的力量，而不是被当作武器来使用。因而，在这种情况下，性选择的作用只是进一步增大了鹿角的尺寸，却无益于其生存。

雄性和雌性性状也许都会受到选择的影响，这取决于雄性或雌性的择偶范围。灵长类动物中存在着多种社会结构，从狮尾狒狒的"一夫多妻"，到黑猩猩的"共享配偶"。这些差异都在性选择的特征中体现了出来。与种群中不占支配地位的雄性狮尾狒狒相比，占支配地位的雄狮尾狒狒体形更大。雌性南非大狒狒的红色会阴是性接受的一个信号，这很可能是已经被性选择的性状。同样，同其他灵长目动物相比，黑猩猩的阴茎和睾丸相对于他们的体形而言显得十分巨大。

达尔文在《人类的由来及性选择》一书中指出，人类的很多性状可能已经通过性选择得到了发展。女性隆起的乳房或许就是一种被选择的性状；躯体毛发退化使我们区别于我们的灵长类远亲，这通常被认为是另一种被选择的性状。而在所有人类种群中，男性和女性的平均身高都有所差异，这同动物界十分相似——雄性为获得雌性而展开竞争，因而发展出较大的体形。在旧石器时代，氏族中占统治地位的男性在交配机会上有优先权。这一现象一直沿续到更近一些时期并出现了所谓"初夜权"（droit de seigneur），而在不远的过去，权势者往往妻妾成群。从中，或许我们可以看到，动物界的性选择法则在人类社会中同样存在。

与生俱来的基因

孩子出生后，如果此前母亲没有得知孩子的性别，每个母亲问的第一个问题应该都是："我的孩子是男孩还是女孩？"不幸的是，在很多社会中，对这个问题的回答对孩子有着重大意义，这已经远远超出了"孩子的第一套衣服是什么颜色"等诸如此类的问题。对该问题的回答可能意味着，孩子将遭遇杀婴习俗、较低的社会地位，或者家长在儿童营养上以及教育上的投入减少。

但是，对于母亲提出的这个问题，我们并不总是能做出确切的回答。因为有时婴儿的生殖器不是很清楚，医生不能确定孩子的性别。经过检查，医生可能会发现类似阴茎的结构——或许是增大的阴蒂；或许是未发育完全的阴茎，但阴茎的泌尿口错位；或许是未完全闭合的阴囊或者部分闭合的阴唇。显然，这些婴儿的生殖器官

066 匹配 or 错位——身体是世界的密码

发育异常，但是他／她到底是男性还是女性呢？或许是一个染色体意义上的女性却带有过多男性激素睾酮，或许是一个染色体意义上的男性但其男性激素睾酮作用异常。

当这种情况发生时，父母自然会疑惑：我的孩子是如何变成这样的？是因为在怀孕期间发生的某件事情才导致这样的吗？这是遗传的吗？现在，我们已经知道正常情况下性别决定机制是如何被激活的，以及男性或女性的性器官是如何形成的。男性的生殖器（阴茎和阴囊）和女性的生殖器（阴唇和阴蒂）源自同样的胚胎前体。哺乳动物中，是睾丸激素使胎儿的发育模式从"默认的女性型"转变为"男性型"。因此，发育中的激素问题能够导致生殖器的不完整。

多米尼加共和国位于海地岛上，该岛是 1492 年所谓"发现"新大陆之后，加勒比海地区首批被西班牙殖民的岛屿之一。在这里，我们发现了一种极其不同寻常的两性畸形（intersex）现象。当地的一个家族中，孩子们出生时生殖器性征很模糊。出生时，这些孩子们被认定为女性，但是在青春期，这些孩子显示出了明显的"阴蒂"发育，外表看起来非常类似男性的阴茎，同时孩子们还长出了男性阴毛、胡须和鬓毛。连续几代，这个家族中都出现了这样的孩子。他们的命运和身份在当地人尽皆知，那个社会中的其他成员甚至也接受了这些孩子。这些孩子们在青春期前后扮演着不同的性别角色，并且着装也会随之变化，此时他们正经历着一次不由自主的性别变化。之所以会出现两性畸形，是因为男性胎儿的基因产生突变，无法产生足够的活性睾酮，因而无法形成正常的男性生殖器。尽管如此，青春期睾酮的大量增长仍可以使其进一步获得男性第二性征。显然，两性畸形只对雄性基因尤其重要。然而，两性畸形是隐性基因遗传。也就是说，异常基因一定是分别来自父母双方，因为隐性基因只在相同基因共同组对时才表现性状。两性畸形在那些偏远的族群中出现的可能性更高，因为这些族群近亲结婚较为常见。

其他一些罕见的疾病可能与显性基因（dominant gene）有关，这种情况只要遗传父母一方异常基因的副本就可能出现。例如，亨廷顿舞蹈症（Huntington's disease）。它通常出现在中年时期，是最令人不幸的疾病之一，患者三四十岁之前一直非常正常，但这之后他们就逐渐变得精神错乱。亨廷顿舞蹈症的患者通常过早地死去，但也许已经把基因传给了他们的孩子，只要父母中任何一方携带这种异常基因就可能致病。研究人员发现，亨廷顿舞蹈症是由于编译大脑蛋白质的基因出现异常所致，该基因错误地制造一种名为"亨廷顿蛋白质"的有害物质，这些异常蛋白质积聚成块，损坏脑部细胞。尽管目前尚无有效的治疗方法，然而人们也并非完全束手无策。对亨廷顿舞蹈症相关基因的了解促使人们开发出能够甄别高危人群的测试，甚至在孩子出生以前就能完成辨别。这将帮助人们做出决定——要孩子或者终止妊娠。

但是，仅仅由一种基因缺陷引起的疾病十分罕见。通常来说，所有重要的身体机能都是由非常复杂的基因网络调控的。这是因为很多基因不是简单地打开或关闭，而是在调控下部分地关闭，或是在特殊状况下打开或关闭。每种身体机能就像音响工程师手中的混音设备，但其中包含更多可操控的均衡器和音色控制功能。人体会根据环境调节这些控制装置，以更好地发挥身体机能。这好比音响工程师会根据乐队在体育场内还是在酒吧里演奏来改变混频器的设置。同样，和音响工程师一样，我们只能在我们的系统范围内对内部控制装置进行调整。

构成每个基因的 DNA 序列都可能出现小突变（或叫多态性）。虽然突变后的基因在基本功能上保持不变，但这种突变仍会导致调控方式或者基因功能的细微变化，并且这种细微的改变能使表型发生巨变。正如所有的小提琴看起来基本上都很像并且功能也相同一样，但是由于使用的材料以及乐器制作方式上的细微区别，斯特拉迪瓦里（Stradivarius）小提琴的音质和一把用来教学的标准小提琴差异很大。

在动物饲养和植物种植方面，人们利用这种内在的基因突变，选择性地种植某个品种的小麦以增加产量，或是养殖个头和力量适合拉犁的马。尤其在 18 世纪和 19 世纪，利用这种方法，人们培育了各式各样演出用的鸽子。查尔斯·达尔文对这段人工选择的历史非常关注，他花了大量的时间去研究动植物的驯化过程以及鸽子饲养行家的诀窍。他在《物种起源》一书的前几个章节中详细介绍了他的研究，并以此作为引言，用剩下的整本书阐述了自然选择这个新概念。他还在肯特郡道恩村自家的花园里做蔬菜实验。当时，基因这个概念还没有被提出，人们也不知道遗传的分子基础，达尔文并不具备这些现代知识，但却得出了这么重要的发现，可见他的洞察力是多么非凡。

达尔文不知道的是，教师出身后来成为一名修士的格雷戈尔·孟德尔已经在布尔诺完成了关于生物遗传性状的重要实验，并于 1865 年发表了相关文章。孟德尔在修道院花园里进行了豌豆杂交实验，他发现，具有不同性状（例如，长着绿色或黄色的子叶，光滑或褶皱的表皮）的豌豆杂交后可以产生各种不同性状的后代。孟德尔用计算的方法来解释他的发现，他认为尽管某些性状比其他性状更具有优势，但性状的遗传是彼此分离、各不干扰的。他的研究使我们知道，为什么人类的某些疾病是显性遗传（例如亨廷顿舞蹈症），而另一些则是隐性遗传（例如海地岛上出现的两性畸形）。遗传机制则要复杂得多，尤其是很多性状并不是由单个基因控制，而影响基因表达的因素又是多种多样。但幸运的是，孟德尔关于遗传性状的研究并没有受到类似问题的干扰。孟德尔使用最简单的方法取得的重大发现经受住了时间的考验，并为基因组遗传研究奠定了基础。

20世纪初，孟德尔的研究成果终于得到了人们的肯定和重视。人们意识到，自然选择的过程与现代遗传学［也被称为现代综合进化理论（Modern Synthesis）或新达尔文主义］的观点是一致的。令人惊讶的是，所有这些都发生在基因的物理结构被破解之前。直到1950年，人们才知道基因位于由DNA组成的染色体上。此外，对生殖细胞（精子和卵子）细胞核中DNA的研究表明：每次生殖细胞分裂成两个子细胞时，其中的遗传信息（染色质）被一分为二，并形成新的生殖细胞。当精子和卵子在受精过程中结合时，遗传物质总量被重新补足，并分布于其他体细胞中。自此，受精卵继续分裂，开启发育为完整个体的过程。

我们对基因这一概念探索得越多，就越能体会到基因可解释的生命现象可谓包罗万象。1953年，作为遗传分子基础的DNA的结构大白于天下。2000年，人类基因组计划成功绘制了首个人类基因组草图。紧随其后，其他物种的基因组图（从疟原虫到奶牛）也绘制完成。意料之中，随着我们对基因知识的深入了解，基因中心论不可避免地出现了。

固然，基因在提升生物学水平中举足轻重，但对基因的过分关注也带来了一些不利影响。其一，这使许多科学团体失去了对其他方面（诸如环境和非基因遗传的潜在作用）的研究兴趣。其二，基因中心论使在一个种群中对基因进行人为的"优胜劣汰"成为可能，即人们可以积极选择合乎要求的基因，而淘汰掉那些不利的基因。众所周知，这会产生什么样的结果，正如我们所熟知的，早期的现代遗传学研究为"优生运动"（eugenics movement）提供了一种莫大的支持。如今，这些学说的应用——从转基因作物的发展到设计婴儿——已备受人们关注。

基 因 沉 默

在染色体中，并非所有的 DNA 都参与基因编码或者基因调控，因为有些 DNA 是突变或被复制的 DNA，不具备必然能被激活的序列。这些所谓的多余物质被不恰当地命名为"垃圾"DNA，却反映出人类进化历史的另一方面——我们与病毒的不解之缘。

病毒由蛋白质外壳和包裹其中的 DNA 或 RNA 组成。病毒自身无法复制 DNA 或 RNA，也无法自主合成蛋白质，然而，它们可以通过侵入宿主细胞，借用宿主细胞的复制机制完成以上过程。在此期间，病毒有时会被整合进寄主（host）的基因组中。由于细胞已经形成了关闭这些病毒基因活性的能力，所以这些病毒的残存部分不会再引起疾病。但是，病毒并没有消失，而是依然存在着，记录着我们进化历史中各个阶段的病毒感染史。这其中，许多病毒或许曾寄宿于原始人类形成前的物种中，只是现在不再对人类有任何威胁，因而也被人们所遗忘了。

如上所述，细胞中存在着可以关闭入侵病毒的旧有基因的开关。这种开关同样应用于对个体发育至关重要的"表观遗传调控"（epigenetic regulation）过程中，其常见形式是通过在 DNA 序列的特殊位置上添加一个甲基（3 个氢原子和 1 个碳原子，—CH_3）来对 DNA 进行化学修饰。如果甲基化发生在与基因主要部分相邻的控制区域内，甲基化的基因则不能被激活。这里我们要注意的是，甲基化并没有改变 DNA 的序列，只是改变了它被"读取"的方式。甲基化作用就如同用白色涂料去遮盖胡乱书写在墙上的某个单词一样——它使基因从细胞的 DNA 读取机制中销声匿迹。这种基因修饰被称为"表观遗传效应"（epigenetic effects）。

在我们的人体细胞中，通常每个基因有两个副本（两个等位基因），但对于某些基因来说，我们只想开启其中的一个副本。两个都很活跃的副本意味着会产生过多的基因产物。正常情况下，从胎儿时期开始，特异性生长因子基因的一个副本就活跃起来，而另一个副本则处于关闭状态。如果这两个生长因子基因都被激活，就会导致胎儿过度生长，孩子出生时就会患有贝-威二氏综合征（Wiedemann-Beckwith syndrome），体形过大且低血糖（因为胰腺细胞增生，胰岛素分泌过量），而且还很可能会患上某种癌症。肾母细胞瘤，亦名维尔姆斯肿瘤（Wilms tumour），是一种在出生前就发病的儿童肾癌，这种病中，双剂量的特异性生长因子只出现在肾脏。幸运的是，大多数情况下，维尔姆斯肿瘤可以被治愈。

大多数基因有两个副本，当我们只想要其中的一个副本起作用时，有时我们会使父体的副本或者母体的副本保持"沉默"。这种"沉默"同样涉及表观遗传基因的失活，这一过程被称为"印记"（imprinting）。印记基因（imprinted genes）并不多，也许只有百来个，然而很多印记基因在生物体的生长和发育中起到重要的调控作用。这意味着，为了使胎儿和婴儿实现最佳发育，来自父体和母体的基因之间的相互作用应保持平衡。

除了印记基因，还有许多基因受控于表观遗传过程。无疑，表观遗传过程是多细胞生物的必要组成部分。我们体内的各种细胞都是从同一个受精卵发育而来，因而它们必然携带相同的遗传信息。然而，它们的发育路径各异——不同类型的细胞启动不同组合的基因制造出不同种类的蛋白质。心肌细胞制造使心脏正常工作的收缩蛋白。胰岛细胞虽然不能制造这类蛋白质，但是它在胰岛素的合成过程中不可或缺。这些细胞都由胚胎干细胞分化而来，这一过程成功与否取决于能否非常精确地开启和关闭控制其发育的基因。一旦某个亲本细胞发育成皮肤细胞，它的所有子细胞就会变为皮肤细胞。细胞的增殖同样受到基因的控制。有些细胞从始至终在不停分裂，例如肠道内衬细胞或皮肤细胞；而另一些细胞则在我们出生之前就基本停止了分裂，例如心脏细胞和脑细胞。一旦控制细胞分裂的遗传机制发生错误，相关组织就会出现癌变。

因此，基因的开启和关闭对我们的进化和发育至关重要，但这并不是一个封闭的系统。我们已经介绍了"发育可塑性"这个概念——一个基因型能够产生多种表型。这意味着，基因在发育过程中表达模式出现了变异。有些变化也许是永久的，如蜂后不能变成工蜂。另一些变化则是暂时的。例如，人类制造血红蛋白的基因在胎儿时期和出生后并不相同，因此红细胞中的血红蛋白在不同生命阶段有着不同的表现形式，这导致母体和胎儿虽然都有血红蛋白，但两者获得氧气的能力不同。也正是由于这个原因，氧气通常从母体经胎盘传输给胎儿。

环 境 的 回 声

　　动物的性状与其生存环境的紧密关联向我们证明了环境对进化的深刻影响。没有环境的制约和改变，选择就无从发生，也就不会出现更有优势的遗传变异。某种遗传性状能否在某一特定环境中被自然选择保留下来，取决于它是否有利于生物体的成功繁育。经过漫长的选择和进化，动物的遗传性状成为映照它所处环境的一面镜子。因此，业已灭绝的弗洛雷斯岛矮象（站立时只有 120 厘米高）的存在被认为是当时自然环境中食物匮乏的证明。这种动物只有在体型矮小的情况下才能保持健康并繁育后代，而这正是它们为了使自身需求能够匹配有限的食物供给而采取的适应策略。这样，诱发小体形的基因就被选择了出来。经年累月，这些象越来越矮小，直到它们的体形与食物的供给量相适应。我们对这些象灭绝的原因并不确定，可能是由于人类对它们的猎捕，也可能是因为大约 1.2 万年前岛上剧烈的火山喷发导致了环境的重大变化，进而致使它们灭绝。

　　上述例子讨论的是环境在相当长的一段时间内的影响，这种影响跨越了整个进化进程。但是，地球上很多地方的环境并非是百世不易的。在某个时间点上发生的环境变化是否会在随后较短时期内——在一代或几代内，而非像进化那样需要经过世世代代——产生影响？虽然"传代效应"（transgenerational effects）如今已有了坚实的生物学基础，但这是一种晚近才形成的观点。环境如何影响几代人的遗传，对于这一问题，人们历经了混乱而曲折的认识过程。

　　直到 20 世纪初，支持达尔文主张的观点才站稳脚跟。而我们不要忘记，甚至是在《物种起源》一书中，达尔文也曾以哺乳动物的毛皮厚度为例指出，要确定一个特定的性状在多大程度上由长期的自然选择决定，又在多大程度上由更直接的短期环境作用所决定，是一件相当困难的事。他没有对后者进行深入的探讨——他不知道基因，遑论了解"表观遗传过程"——但是他承认拉马克提出的进化机制，即获得性遗传也许在其中发挥了一定作用。

环境因素如何影响遗传结构？在比进化的时间尺度更短的一段时间内起作用的环境因素是否重要？很长一段时间内，科学家对该问题兴趣寥寥。

生物在发育过程中最具可塑性，所以我们可以推论，环境因素在生物早期发育阶段影响最大。但是，发育生物学（后被称为胚胎学）正如它的名字一样，与进化生物学并没有联系。事实上，在介于达尔文学说和现代遗传学之间的"现代综合进化理论"中，发育生物学几乎没有一席之地。只是在近 30 年中，理论和实验工作才表明，我们低估了生物学的这一重要分支。即便是在今天，在主流生物医学界中，表观遗传生物学仍只是一名刚刚开始受到关注的新秀。

黄色花朵和黄色老鼠

表观遗传学是一门研究外部环境与基因表达相互作用的生物学分支学科。这一术语通常指，在 DNA 自身序列不发生改变的情况下，通过甲基化等机制进化的 DNA 化学修饰过程。生物发育过程中的这种内在过程促使某一受精细胞分化成为性状各异的特化细胞（specialized cells）。一些细胞开启某一套基因而发育成为神经细胞，另一些细胞则启动另一组截然不同的基因而成为肠细胞。两者有着完全相同的基因型，它们都来自同一个"全能"胚胎干细胞，所谓

"全能"是指具有发展成为体内任何一种细胞类型的潜能。这一内部调控的过程对于生物体的正常发育至关重要。在此过程中，每个细胞周围的其他细胞会发出化学信号"告知"该细胞的自身作用，并诱导表观遗传变化。然而，来自胚胎外部的信号也会影响该系统吗？那些作用于胚胎、胎儿和新生儿的环境信号是否会对其后天发育中的基因表达产生持久的、根本性的影响？答案是明确的——会产生影响。在下章中我们将描述表观遗传过程是如何影响发育可塑性的。补充说明一下，由环境诱发的表观遗传变化是某些癌症发生的基础，因而引发学界的关注。

本章我们要聚焦遗传。表观遗传变化能被遗传吗？当一个细胞产生子细胞时，和器官发育的案例相同，那些子细胞拥有与亲本细胞一样的特征。因此，肝脏前体细胞的子细胞与其亲本细胞的基因表达相同——开启或关闭的基因相同。在某种意义上，这是一种细胞遗传的形式。虽然这种生化现象是如何发生的仍旧未知，但可以确定的是，"开启和关闭"基因开关的表观遗传谱系必然会从亲本细胞遗传到了子细胞。

代际遗传又是如何呢？传统认识上，人们认为决定基因表达的表观遗传"标记（marks）"在受精过程和胚胎形成早期已经被擦除了。从本质上来说，受精卵就是顶级干细胞，能够复制并发育成构成躯体的无数细胞。因此，受精卵必须非常干净，不带有任何表观遗传标记。一般认为，只有当细胞开始分化成具有不同基因表达形式的各种细胞类型时，表观遗传标记（如甲基化）才会被重新加强。但事情并没有这么简单。已有大量实验数据表明，某些表观遗传标记代表着环境对一代人的影响，并能传递给后续几代，尽管其潜在机制尚未明了。

即使"环境影响可以在代与代之间传递"这种看法在植物科学和动物科学中都得到了认可，但在医学界该观点尚属新颖。

柳穿鱼是一种开花植物，这种黄色花朵有两种不同的样式——一种样子好看些，而另一种则较为逊色。但是无论哪种花，都能繁衍后代。然而伟大的18世纪分类学者卡尔·冯·林奈却认为它们是两种截然不同的物种。现在的分子科学已经表明，这两种植物基因完全相同，唯一区别在于控制花瓣对称的基因在样子好看的花中被激活，而在另一种花中则被抑制了。这里，关闭基因的正是遗传的表观遗传标记。

在哺乳动物中也有这方面的有趣例子。刺豚鼠（agouti mouse）是一种被用于实验的老鼠，它们出生时长有黄色或棕色的毛皮。黄色刺豚鼠的数量取决于鼠灰色基因（agouti gene）中有多少刺鼠色蛋白（agouti protein）被表达，而被表达的刺鼠色蛋白的数量能从父代传到子代，尽管这一过程可能存在瑕疵。基因激活与否取决于表观遗传过程控制——甲基化较少就会导致大量的刺鼠色蛋白被表达。有趣的是，一项研究表明，如果母豚鼠在妊娠前和怀孕期间改变饮食，调控甲基化的生物化学途径就会改变。饮食变化会使基因的表观遗传控制程度发生改变，从而在其子代的毛皮颜色上反映出来。在其他的老鼠实验中，研究人员发现，农药中的激素干扰剂（hormone disruptor agents）会对老鼠精子的存活率、数量以及活力产生干扰。实验还表明，即使只在一代老鼠中施用该化学物质，这种对精子的影响在其第三代身上依然能够看到，这就是遗传了的表观遗传变化。这种情况也许非常极端，涉及某种老鼠的特殊基因，或是要接触到毒性很强的化学品。而最新的研究显示，怀孕老鼠如果发生饮食变化，或在怀孕期间接触应激激素，都会引起其后代新陈代谢和血压调节等生理调控系统发生改变。这些变化是由基因表达的表观遗传变化引发，并将遗传给第三代。因此，毫无疑问，环境对某一代生物体造成的影响会形成表观遗传标记，并代代相传。

但表观遗传过程并不是环境影响在代与代间传递的唯一途径。当母亲营养不良时，她生的孩子体形就会较小。如果新生儿是一个女婴，也许她长大后生的孩子体形也较小，很可能像她自己出生时一样。如果孕妇在怀孕初期营养不良，那么上面所说的这种情况很有可能发生。我们从第二次世界大战期间发生的"荷兰饥饿冬天"（Dutch Hunger Winter）这一悲剧性事件中了解了饥荒对人类怀孕及其后代健康的影响。第二次世界大战期间，盟军发起了"市场花园行动"（Operation Market Garden），旨在夺取荷兰境内主要桥梁以及交通要道。为支持盟军，荷兰的抵抗运动一度十分活跃，其中包括运输系统工人的罢工。1944—1945 年的冬天，为了报复抵抗活动，纳粹大量削减荷兰部分地区的食物供给。当"市场花园行动"失败后，纳粹禁止经由铁路向荷兰西部运送食物。起初，荷兰人还可以通过运河运送食物。但是 1945 年的冬天异常寒冷，运河结冰，水运不得不停止。饥荒持续了数月，但在盟军解放了低地国家之后，这一状况很快就得到了缓解。重要的是，有些医院一直保留着详细的病史档案，使得后来有可能对受到饥荒影响的人群以及他们后代的健康状况进行跟踪调查。这些研究中的一大发现是，在妊娠头 3 个月营养不良的母亲，其所生的女婴体形大小正常，但是当这些女婴长大，成为母亲的时候，她们所生的孩子体形会较小些。此外，西班牙科学家的研究表明，出生时体重较轻的女婴子宫较小，因为子宫主要是在胎儿时期的前半阶段形成。较小的子宫会抑制胎儿的生长发育。也就是说，子宫较小的女性所生的孩子体形也会较小。这是"代间转移效应"遗传下来的另一种生物学机制。

文 化 传 承

但是动物，尤其是人类，会使用其他方式把信息从一代传递给下一代，他们会利用语言的交际能力、教与学以及行为训练和模仿来传递信息。遗传的这种形式有时被称作"文化传承"（cultural inheritance）（这种叫法也许颇有争议）。文化传承指某种特征从一代传到其后代，这种传承也可能与血缘关系没有任何联系——没有遗传关系的人们之间也可以发生文化传承。

在日本的幸岛上生活着一群猕猴（macaque monkey），科学家对岛上的猕猴进行了大量研究。他们用番薯把猴子吸引到研究地点——一片沙地。就像沙滩上的人类野餐者一样，猴子喜欢番薯，而不喜欢上面的沙子。一只叫依莫的母猴，会到溪水边把番薯上的沙子洗掉。它发现这样不仅干净，而且番薯味道也很好，那时它的同伴们仍然吃着带有沙子的番薯。不过现在，经过几代之后，猴群里的所有猴子都会去清洗带有沙子的番薯。它们逐渐学会了这种"烹饪"技巧，并把这种洗掉番薯上沙子的传统习惯一代一代地传了下去。同样是这群猴子，它们还学到了更多的方法。研究人员喂猴子吃带有沙子的麦粒。一只母猴发现，若抓一把带沙的麦粒放到海水里，沙子会下沉而麦粒会浮起来，这样便可轻易将麦粒和沙子分离开来，从而吃到干净的麦粒。现在，当研究人员再去喂猴子吃带沙的麦粒时，所有的猴子都会用海水滤掉沙子，把麦粒冲洗干净。到海水里冲洗食物使猴子们发现在水里嬉戏很好玩，因而，猕猴的一项新传统就此诞生了。有些年龄较大的猴子开始吃被当地渔民丢弃到海里的鱼，现在它们再也不怕水了。这也使得当地开始流行这样一个娱乐项目——让公猕猴从水池中抓鱼。钓鱼再也不只是男性"智人"的最大爱好了！在这个例子中，我们可以看到文化传承发挥作用是一件复杂的事情——由某个个体发起的一种特定的有益行为会传给其他个体（包括其后代），然后这种行为被复杂化，以至于衍生出复杂的额外行为。

动物群体间传授习得技能的例子很多。黑猩猩会使用粗糙的工具从蚁巢中"钓"出白蚁，然而在非洲的不同地区，不同种群的黑猩猩"钓"白蚁的方法不尽相同。还有些狒狒群体可以直立着走过小溪，而另一些则用四足爬过小溪。不同种群的鸟类也采取了不同的筑巢策略来躲避捕食者。

文化改变传播得很快，但是必须要有基础才行。习得和模仿的能力是必要前提，而基因决定着生物的这种能力。随着时间的推移，自然选择同样能使那些习得能力最强的动物更容易生存下来、繁衍后代。我们相信，在猿人的进化过程中情况也是如此。习得能力和交际能力成为古猿生存的关键。为了支持这些更高级的功能，它们的脑部进化得越来越大。200万年前，早期智人发明了首批工具；可能在100万年前，人类开始学会使用火。这是人类在进化史上迈出的关键两步。然而，语言的使用是交际能力中的一种极其复杂的形式，这种能力很可能是人类进化最关键的一步。发展出控制语言及喉部发声的脑部通道，是人类生理上的重要飞跃，这一定经历了达尔文经典进化论中的演化过程。

但是，语言的本质及其使用很大程度上取决于"文化演变"（culture evolution）。人类社会有成千上万种语言，彼此隔绝的不同群体各自发展出极其独特的语言形式。仅在新几内亚岛也许就有

1 000 多种语言，那里的山谷被不可逾越的群山和热带雨林分隔开来。显然，人类的语言可以归为几类——德语和英语关系密切，法语和西班牙语属于同一语系，毛利语和塔希提语也很相似。而语言能够随着不同地区的不同特点得以发展。在很多澳大利亚土著语言中，关于家庭内部特殊关系的称谓比英语要复杂得多。在英语中"cousin"一词就可以囊括各种复杂的家庭内部关系。阿尔巴尼亚语中用来描述不同样式的胡子的词语就有 25 个之多。但这对新几内亚高地的人毫无用处，因为大胡子是这一地区人们的主要特征，他们无需更多词语来描述。如果一个罗马尼亚的孤儿在出生时即被收养，后被带到英国去，并在那里长大，他使用的语言一定是英语而不是罗马尼亚语。这些都是文化演变和文化传承在起作用的例子。

即便是在没有说话能力的群体中，新的语言也能产生。人们发明了非常复杂的手语，失聪者可以使用这种手语进行大量表达。一个例子是赛义德贝都因（Al-Sayyid Bedouin）手语。赛义德人是内部联姻的贝都因人的共同祖先。200 年前，他们定居在内盖夫沙漠并携带着耳聋的隐性基因。第一批耳聋的孩子们出生于 20 世纪早期。他们发明了一种基础手语，并把它传给了后代。而 100 多年后的今天，这种手语已经发展得极为复杂和完善。这一地区中不仅80 个耳聋的成员使用这种极其复杂的语言，而且群体中的所有成员（约 3 000 人）也在使用这种语言。对语言学研究来说，重要的是，这种语言的结构与它周围的语言差别很大。

语言和方言的变化——一种语言中出现新词语或新语义——是文化演变的明显例证。外佐治亚班克斯诸岛如奥克拉科克岛使用的语言，虽来源于英语，但是两者已有很大的不同。皮钦语（pidgin，也叫洋泾浜英语）是欧洲人入侵太平洋地区后产生的一门新语言。

欧洲人需要发展一种语言来与当地人进行交流，因而皮钦语产生了。某些家庭内使用的词语也可能有特殊的含义，不像专业术语意义固定不变。有些不同的社会群体使用同一种语言，但它们赋予同一个词语不同的含义。在英国，"rubber"一词的含义是橡皮，在美国，它的意思则是避孕套。对这类词语的使用会使许多旅游者在跨文化交流中感到有些尴尬。

人们对于该如何解读与语言的形成时间有关的考古学记录仍存在不少争论。语言形成于 20 多万年前，还是 5 万年前？古生物学家对此看法不一。复杂的交流是创造性活动（如艺术）产生的必要因素。人们相信尼安德特人具备某种有限的语言能力，因为他们居住在复杂的社会中，需要进行某种程度的协作或合作。大约 3 000 年前的文化大爆炸中，我们所熟知的象征艺术以及文化习俗（如葬礼）出现了。此后，语言在推动现代人类的文化演变方面到了至关重要的作用。

现在被我们称为"宗教"的大多数概念很可能也在同一时期出现。宗教的演变十分有趣，但它不是我们这本书要探讨的内容。然而，宗教的演变历史再次证明了一个群体是如何接受信仰和风俗这些复杂的概念，这些概念又如何在这一群体中确立了不可动摇的地位。宗教习俗创造了一系列规则，一旦农业和住宅区开始发展，这些规则就变得尤为重要。它们使各个群体能在更大的群体中和谐生活，进而形成更为复杂的社会。

无论是何种社会，是母系社会还是等级社会，其社会结构，都支配着生殖繁育的结构（从一夫多妻到一妻多夫）。所有这些都源于文化传播和文化传承，并在代与代之间建立起牢固的纽带。这条纽带发生断裂，意味着代际传承的丧失。在传统的犹太家庭中，他们的文化要求犹太人只能与犹太人结婚。如果一个孩子打破了这个传统，那么他的父母则会认为他们的孩子死了，并为其祷告，举行哀悼仪式。在某些社会中，一些令人毛骨悚然的风俗，如荣誉处死（honour killing），反映出人们对文化传承的信仰要高于对生物遗传的忠实。在世界很多地区，家族间的仇恨可以延续很长时间，这表明新一代要忘记冒犯他们祖先的行为是一件多么困难的事情。

农业的传播是本书的重要议题之一。欧洲的农业，是从其发源地——美索不达米亚传播而来。这种情况是如何发生的？这项技术的传播是因为农民们从一个地区移居到了另一个地区，还是一个部落通过对邻近部落的观察和模仿学习到的呢？农业以及随其产生的宗教、社会风俗和语言已经成为文化演变中最重要的部分。

另一方面，文化传承对健康来说也是至关重要的，甚至是在家庭层面。举个例子来说，母亲们会教她们的女儿怎样去照顾婴儿。在像冈比亚那样的乡村，外祖母在家中帮助婴儿的母亲照顾孩子，孩子的存活率就会高得多。因而，这种抚育儿童的方式被推广开来。20世纪后半期，婴儿猝死综合征（cot death）的发病率非常高。在某些地区每1 000个新生儿中就有8个患有这种疾病。婴儿猝死综合征更常见于俯卧着睡觉的婴儿中。因为，那时人们认为这种俯卧睡觉的姿势会使孩子更舒服，回吐和吸入食物的可能性也更小一些。这种让婴儿俯卧睡觉的做法是由外祖母教给婴儿的母亲的。儿童的保健护士和儿科专家也都采取相同的做法。出于善意的文化传承却帮了倒忙。现在，研究表明，如果婴儿采用仰卧的姿势睡觉，他们得病的风险就会减少。一旦此研究结果被证实，那么家长们只需要读几篇报纸上的文章，看几个电视节目，或参与几次配有乐曲的信息发布活动（口号是"采用仰卧的姿势睡觉"），就会改变这种文化习俗。还有多少儿童的发育受到文化传承的影响呢？文化不同，母乳喂养的习惯也存在差异。在一个地区的文化特性和习俗中，怀孕、分娩以及婴幼儿保健方面的很多习俗是根深蒂固的。然而，也许所有这些都会对子孙后代的健康产生重大影响。

第三章
当我们还很年轻

　　蝾螈是令人着迷的动物。生物学家偏爱研究它们，它们也是儿童在池塘边玩耍时最喜欢的小东西。高山欧螈生活在法国南部和瑞士的湖泊里，它们原是一种水生生物，在湖边的浅水处产卵、孵化，其幼仔与蝌蚪看起来很像。与蝌蚪一样，它们都生活在水中，但是当它们长大时可以对生活方式做出选择。一种选择是像蝌蚪一样在水中生活。在这种情况下，虽然它们的外表看起来仍像是处于发育的初级阶段，但实际上已经具备很强的繁殖能力。而另一种选择是关闭鳃裂，因而它们既能在水中又能在陆地上生活。这两种形式的高山欧螈种群都存在，只是比例不固定，但是它们的生活截然不同。有趣的是，通常来说，较大的幼体要经过变态，闭合鳃裂，而那些出生时体形较小的幼体保留了水生的鳃，所以能在较深的湖水中游泳。那里有更多的浮游生物，竞争也没那么激烈，因此它们停止了快速生长，繁殖能力也更强。但是当日子不好过，水平面下降时，能在陆地上生存的螈有更多的存活机会。因此，对于螈来说，在一些情形下最好一直维持水生的状态，而在其他情形下最好能够离开干涸的池塘去寻找另一片池塘。

　　由此可见，发育是一件极为复杂的事情，它不仅仅是一个简单的、线性的、机械的"程序",受精卵不是简单地只用基因中携带的信息就能长成成体,发育也不是一个封闭的过程。蟋各自从周围环境中得到有关种群密度以及食物竞争方面的信息,然后采取某种特殊的发育策略,进而产生极其不同的生命进程——不同的生长模式、不同的食物来源、不同的存活概率以及不同的繁殖成功率。在动物王国的各个群体中,从单细胞生物到人类,你都能找到生物在发育早期做出选择的例子。在某些例子中,选择的结果一目了然——鳃裂或者不鳃裂,而在很多其他例子中,选择的结果很是微妙。但是在所有例子中,这些结果都是为了达到一个根本目的——使生物体与其将要生存的环境相匹配,并最大限度地提高繁殖成功率。

因此,我们必须要抛弃掉这样的观念——基因组就像一张完美的设计图,制定了一套指令,使受精卵开始进行一系列的分裂和变异,直到生物体达到它预定的成熟状态。如果是这样的话,具有相同基因型的每个个体就会在每个方面都完全一样。很明显,情况并非如此,即便是同卵双生的双胞胎也绝不会在所有方面都如出一辙。举个例子,他们出生时,通常在体形方面就存在差异。把基因组比喻成设计图并不正确,然而令人惊讶的是,人们经常使用这样的类比。相反,我们必须要把成熟的表型考虑在内,表型是环境与生物体之间相互作用的结果。在每个阶段,这种相互作用都是由环境的性质、基因组的特征以及环境与生物体之间已经发生的相互作用来决定的。

生命是从何时开始的?

生命是在卵子和精子形成时即已开始吗?还是始于受精过程?

抑或诞生于早期胚胎发育为新生儿的过程中的某一时刻？生命是在婴儿器官形成时开始的吗？还是起始于生物体第一次的肌肉运动，或是脑电波首次出现之时，或者是胎儿开始有了相当于做梦的睡眠经验？婴儿出生后的首次独立活动是否才是生命开始的标志？对这一系列问题的回答实则是个人和社会价值观问题，与科学无关。从科学角度来说，生命起源于约 38 亿年前，从那时起 DNA 就持续不断地进行复制，我们和星球上其他生物由此衍化而来。

"生命始于受孕"的说法也受到了许多质疑。准确地说，直到我们父亲的精子进入到母亲的卵子里，我们的基因组才完整。但是精子形成的方式与卵子的发育方式截然不同。青春期后的男性在其整个繁育期期间能够不断地生产精子，每次射精前精囊中都已储存了大量的精子。因此，根据父亲的性活动的频率，在我们的母亲受孕之前的几天，构成我们一半基因的精子就已经在他的睾丸中形成了。与之不同，女性的所有卵子在其子宫形成后的几个星期就开始产生了。因此受孕时的遗传物质一半可能产生于几天前，而另一半则已经存在数年了。

为什么精子和卵子之间存在如此之大的差异？进化生物学家这样解释：在整个动物王国中，雄性每次射出的精液都含有大量的精子，所以精子必须被连续不断地生产出来，这是提高繁殖成功率的有利因素。如果雌性在排卵期前后与多个雄性进行交配，那么那些在射精时射出更多精子的雄性就会在这场"受孕竞赛"中获胜。这就像是买彩票——买得越多，中奖的概率就越大。实际上，不论是雄性还是雌性，都有很多巧妙的进化方式来参与和应对这样的"精子竞赛"。

构成婴儿基因型的卵子在受精之前已经存活了很久，期间也许会受到一系列环境因素的影响，而在受精卵形成之前，精子存在的时间很可能非常短暂。母亲的这种进化优势是得益于外祖母子宫内环境的影响吗？是否因为这样的影响，我们的母亲在出生之前就形成其所有的卵子了呢？一名40岁的怀孕女性的卵子要比她20岁时受孕的卵子的"年龄"大得多。卵子的质量很可能会随着年龄的增长逐渐下降，也许会更易受到损坏。这也正是女性在大约35岁之后不易受孕的原因。这个有关生物学的现实已经受到了社会关注，因为更多的女性在推迟了组织家庭的年龄后，发现自己的生育状况很难令人满意。辅助生育技术应用案例的与日俱增与这种生物学现象有着直接的关系。我们可以从进化的角度来解释女性在35岁之后生育能力开始下降的原因，并在稍后讨论绝经期的问题时重温这个话题。

从卵子到身体的形成

受精后，具有完整基因（分别来自父母）的单细胞胚胎开始快速分裂，每个细胞分裂为两个带有等量基因组DNA的子细胞。这些细胞叫作胚胎干细胞。经过进一步分裂，它们能够分化成所有不同类型的体细胞，随后呈现特定的表型变化。这些胚胎干细胞能转变成任何类型的细胞，因此在理论上，当衰老和疾病使器官中的某些细胞群受损，例如阿尔兹海默症患者脑部发生病变、心肌梗死患者心脏被损伤以及糖尿病患者胰腺中制造胰岛素的细胞被破坏，我们可以用胚胎干细胞来补充这些器官中的某些细胞群。而获取干细胞用于研究已经成为近年来学界的关注焦点。从理论上说，胚胎干细胞的应用有很大的科学优势，因为它们极具应用潜能，可以被应用于任何一种细胞类型中。在很多组织中，例如脑和骨髓，有些干细胞一直都会存在，但是随着年龄增长其潜能会逐渐削弱，如女性卵巢中老化的卵子。这些组织也许会因干细胞的老化而受损。人们已在脐带和脐带血液中发现了干细胞，这一发现使干细胞存储成为可能。如果需要的话，人们在他们生命的后期可以使用那些库存的细胞。尽管我们还不清楚未来这种库存细胞是否能在临床上得到普遍应用，但是目前这一领域的研究十分活跃。

组织分化涉及细胞中基因表达图谱的有序变化，因而不同的组织呈现出不同的特征。研究这一分化过程的学科叫作发育生物学。过去的 40 年中，发育生物学得到了蓬勃的发展，这得益于分子生物学这种工具，我们能够确定在发育过程中基因何时被开启，在哪个细胞中开启，它们彼此之间又是什么样的关系。每个细胞的命运都由从邻近细胞发出的化学信号所决定，这些特殊信号使分化进程与进一步发育协同推进。这一点至关重要，因为细胞并不能单独发育，它必须与其邻近的细胞共同发挥功能。如果一个肝细胞处于甲状腺中，它不会起任何作用。在一次次细胞分裂中，某些细胞以不同的方式分化、移动（被其他的细胞吸引或排斥）并把化学信号分泌到它们所处的环境中，原本存在于一个受精细胞中的信息促使一个复杂的器官发育成形。

关于保守进化是如何进行的发现让人惊讶。一些简单的生物体（如体内有不到 1 000 个细胞的蛔虫、秀丽线虫）和人体（其体内有超过 100 万亿个细胞）中调控发育的基因是相同的。毕竟人类和那些简单生物体中有 25% 的细胞是相同的，但是早在大约 6 亿年前，我们就已经在进化族谱上分道扬镳。

一个细胞之所以成为造血细胞、肌细胞或者皮肤细胞，取决于哪个基因被开启（或关闭）以及哪个基因调节器被激活。在上一章中我们曾说过这些开关都是相同的，但它们利用表观遗传永久地改变了细胞中不同基因的活性。胰腺细胞和甲状腺细胞都具有相同的基因。但是在胰腺细胞中，控制分泌胰岛素路径的基因被开启，控制制造甲状腺素的基因则被关闭；在甲状腺细胞中，情况则正好相反。

如上所述，器官和系统的发育以有序的方式进行着。鉴于发育的进程必然与基因有关，发育受控于基因"程序"的说法由此诞生并广为流行。身体主要部分的发育，例如昆虫的肢体、翅膀和体节，都与基因的表达一致，人们因此认为，所有的发育一定都是有序、相互协调并受到调控的，且其本质不受外在因素的影响。

发育的高速公路

开车从美国的圣何塞到旧金山，卫星导航系统会指示你前往101号州际高速公路。但是如果交通状况不好，毕竟是在加利福尼亚开车，你可能要改道至480号公路，然后驶上280号公路，从一个不同的方向开往旧金山。或者，一路上雨下得很大，路上的车开得都很慢。但是最终你还是到达了目的地。下雨和交通状况这些环境因素改变了你的行程，但是结果是相同的——最终你到达了旧金山，尽管你的情绪也许受到了影响。然而，如果圣安德烈亚斯断层发生地震毁坏了高速公路，也许你永远到不了旧金山，运气好的话或许能够回家。这时，你的旅行彻底被环境因素破坏了。

同理，发育也是如此。环境因素可能干扰了发育，引起或大或小的异常情况。我们已经认识到外部因素对发育的干扰能够持续大约50年。药物（如镇静剂）、过度饮酒、传染病（如风疹）以及电离辐射都能够导致新生儿出现缺陷。因此，如今不少人对环境中的许多化学物质表示担忧。我们会不时地从媒体得知这样的消息：由于准父母们接触到了化学药剂，生活在化学工厂附近的一些家庭出现了一连串的新生儿缺陷问题。这也曾是从海湾战争中归来的士兵们担心的问题。很难准确地说这类接触会引起何种缺陷，但可以肯定的是，有足够的例子能证明这种接触确实会导致新生儿出现异常。而具有破坏性的信号不必像辐射或战争那样罕见于日常生活。如果母亲在怀孕期间糖尿病没有得到控制，其血糖含量就会极高，这可能就是一个具有破坏性的信号，会引起胎儿心脏发育上的缺陷。

更多情况下，环境因素没有使发育"程序"中断，而只是对它进行了调整——就像上面提到的例子，旅行的终点没有改变，仍然是旧金山。实际上，正是这些对于发育而言非常微妙的环境调整，使生物体的后代与环境实现最佳匹配。虽然发育的根本基础在于胚胎中包含的遗传信息，但是环境因素会帮助生物在进化过程中做出选择和调整，即发育可塑性，最终使自身适应周围的环境。这是两种截然不同的时间标尺。基因是随着物种的漫长进化促使生物与环境大致匹配；发育可塑性是使生物与其出生前后所处的生存环境达到匹配，同时，正如我们将要看到的那样，也有可能是使胎儿与其所预期的即其日后所处的生存环境相匹配。

从受孕到新生儿出生，这些调整性的环境信号都会存在。在生物出生之前，它们通过母体和胎盘传递给哺乳动物的胚胎或胎儿。两栖动物、鸟类、爬行动物甚至是昆虫的卵都可能受到环境因素的影响。对于哺乳动物而言，最需关注的环境因素是营养和应激信号，而不是可见的自然环境因素，因为食物的可获得性以及捕食者的威胁是影响一个生物体生存最重要的环境因素。

　　甚至从怀孕初期开始，营养状况就会对胎儿产生影响。在受孕期间，女性非常瘦小或营养不良，其所生的婴儿就会体形偏小或是早产，而肥胖的女性所生的婴儿患糖尿病的风险更大。怀孕期间，母亲要为胎儿提供大量的营养。母亲在怀孕初期的营养储存状况，能够决定孕期其余时间内其养料供给系统的运作情况。她的营养状况能够影响从卵巢通往子宫的输卵管中的营养水平，这儿是受孕后第一周受精卵所处的环境。母亲的营养状况还会影响子宫内的营养物质含量，胚胎在植入子宫壁并形成胎盘之前会在这里待上数日。而胎盘一旦形成，母亲的饮食及其新陈代谢将会决定输送给胎儿的营养的多少。孩子出生后，母亲的健康会影响母乳的质量。此外，母亲的许多行为都会影响到孩子，进而影响孩子的饮食及成长发育。所有这些过程，在很长一段时间内，促使着发育可塑性优化发育过程，以使新个体与其当前和未来所处的环境达到匹配，而其最终目标是使繁殖成功概率达到最高。

　　很多动物都会面临来自其同类或异类的竞争或捕食。这一点意义非凡。如果一种生物极易被捕食或所处环境竞争激烈，那么就会产生压力，动物将不得不采取不同以往的生存策略。加利福尼亚湾北部生活着一种叫藤壶的生物，它的外壳顶部通常长有一个输送食物的洞。有一种海螺喜欢以这些藤壶为食，它们长有尖利的刺，能够扎进藤壶外壳的洞里。藤壶如果从某些化学信号中得知它们的周围有很多海螺，其下一代就会发育出弯曲的外壳，使输送食物的洞长在外壳的侧面而不是顶部。通常，这样可以避免海螺得逞。然而，虽然藤壶存活了下来，但它们生长得更加缓慢，繁殖能力也不如以前。当海螺种群数量下降时——这在某种程度上是由于它们没有足够的藤壶可以食用——藤壶的下一代就又恢复到正常形态。像这种由捕食者和压力诱发发育变化的例子还有很多。

较为轻微的压力也能导致哺乳动物的后代发生某种改变。当孕妇的压力激素水平较高时，就会影响到胎儿，并引起其发育上的变化，包括改变其压力反应系统的运行方式，使其对环境压力呈现出更强的承受能力。英国爱丁堡与美国纽约的科学家经过共同研究发现，在"9.11"恐怖袭击期间，患上创伤后应激障碍（post-traumatic stress disorder）的怀孕女性，其生出的孩子压力激素中的皮质醇（cortisol）水平会发生变化。同时，这些科学家运用数据说明，胎儿应激激素代谢水平发生变化的敏感期会一直持续到儿童期。科学家们还对第二次世界大战期间从纳粹大屠杀中幸存下来的犹太人进行了研究，发现大约 60 年后，年龄最小的幸存者的压力激素水平已然改变。

随着生物体逐渐变老，其改变发育轨迹的能力也逐渐减弱。要维持可塑性确实需要付出代价，因此必须有所让步。这就像，要为某一新车型打造一辆原型机，当车辆投入制造阶段时，设计师改变想法说，不想建造 4 个轮子的车了，要建一台 6 个轮子的车，或者要把汽油发动机改成柴油的。然而为时已晚。如果车已经建好，这时要把手动挡变成自动挡也不可能了。甚至在某个时候，要把车椅材质从皮革换成布料，或者把油漆颜色从"英国赛车绿"改成"法拉利红"都是件麻烦的事。较早完成的设定不可逆转，之后的改动也许可能，但是需要付出很高的代价。到汽车建造的最后一刻，只剩下那么几个选择：是要一个 CD 播放器还是要一个导航系统？人类的发育过程也是这样——越是在发育后期，越难改变表型，而且在某个阶段，很多系统实质上已失去可塑性。对于这辆车来说，轮轴数量的可塑性很早就不存在了。随后，变速箱的可塑性以及油漆和音响系统的可塑性分别在较晚和更晚的时候也消失了。但是，轮胎的可塑性却一直都在。相似的是，在哺乳动物的发育过程中，某些器官的可塑性在胎儿早期就丧失了——例如，在受孕 7 周后，胎儿原始的性腺被决定为卵巢或睾丸，这是不可逆转的。对于其他器官来说，如肾，直到妊娠后期胎儿肾脏过滤单位的数量才被完全确定下来。而对于大脑来说，其可塑性虽然可持续到生命结束，但随着年龄的增长也会减弱。在可塑性方面，不同物种间存在着很大的差异。人类只能在胚胎期发育四肢；与之不同，如果需要的话，成熟的美西螈可以在任何时候再生四肢。

现在还是以后？

如今，人们逐渐达成一种共识：可塑性主要是为了使生物体与其所生存的环境之间建立更好的匹配，即确保生物体能在它的舒适区生活。如果环境发生了变化，生物体就必须改变其表型以便在新环境中生存。发育可塑性有两种形式，其区别在于适应性优势何时出现。如果发育早期的环境条件恶劣，那么胎儿必须即刻做出某些适应性反应才能得以生存。这就像是工程师在造车初期面临资金短缺，如果他们没有资金，不能根据现行计划完成汽车的制造，他们就会立即修改计划，或将其连同整个项目一起放弃。但是，大多数发育过程中的可塑性反应都是为了适应生命后期的、预测中的环境状况而做出的表型调整。我们把这类反应称为"预知适应性反应"。这就相当于工程师在造车时，被告知汽车将来可能使用的环境与一般情况不同。这时车还是那辆车，只是可能要相应地对引擎、轮胎以及空调系统做出改变。

减缓初期生长发育是一种最常见的即时适应性反应。当从母体输送给胎儿的营养不足时,为了生存下来,胎儿就必须放慢其生长速度,因此便引发了此种类型的反应。即时反应的另一种类型是加速胎儿的成熟,以使其尽早出生。如果母体内的环境对胎儿造成了威胁,那么过早的分娩也许是一个更安全的选择,是一种更具优势的策略。这种即时适应性反应总是会产生一定代价。包括人类在内,出生时体形较小或早产的生物,存活的时间可能不会很长,但是如果它们不做出适应性反应也许根本就不会活下来。

而要了解出生后生物与环境的匹配情况,我们的注意力要放在预知适应性反应上。胚胎、胎儿或出生不满一个月的婴儿通过这些反应尽力调整其生理特性,以使其身体构造与预测的生活、成长以及繁育后代的环境实现更好匹配。这就需要他感知周围的环境,运用获得的信息来预测其将来所处的环境,而后利用发育可塑性使最终的表型与预测的环境达到更完美的匹配。而触发这一反应的信号也许是某种营养成分(如氨基酸、葡萄糖或维生素)的降低。而且这种反应必须融入生物的整体适应策略,使其在不利环境中生存并繁育后代,必须使生物体的多个生理方面与其生命进程策略相匹配,从而适应预期的环境。

生物与环境匹配度越高,繁殖成功的概率就越大。简单来说,生物面临的将来世界无非两种:食物短缺、竞争激烈,因而环境险恶;或者食物充足、竞争不激烈,因而环境安全。在这两种环境中,生物采取的生活策略截然不同。危险的环境意味着寿命缩短,因而个体要尽早地成熟起来,繁育后代,把基因传给下一代;安全的环境使个体有可能长得更大,繁育更多的后代,并在生存竞争中更具优势。

出 生 以 后

虽然发育可塑性的能力并没有在我们出生时即刻终止，但是随着我们的成长，这种能力变得越来越有限。新生儿与胎儿一样，对母亲有很强的依赖性，它们通过很多方式从母体获得信息。而人类出生后，其生长模式非常独特。我们出生时比其他物种的新生儿要胖一些，通常在婴儿期和幼儿期早期快速生长，而在幼儿期后期和少儿期相对生长缓慢。随后，我们开始分泌生殖激素，步入了青春期。经过了又一个快速生长的时期之后，我们的生长板（growth plates）最终闭合，生长停止。因此，可以把我们出生后的生长发育分成四个阶段。第一阶段是婴儿期。其特点是生长速度快。起初我们要完全依赖母乳获得营养。到 3 岁时，这样的快速生长就停止了。在传统社会里，这个时期孩子通常已经断奶。缓慢发展的幼儿期是生长的第二个阶段，从 3 岁到 7 岁的儿童仍然非常需要母亲的保护及其提供的营养支持。然后在经过了第三阶段即缓慢生长的少儿期之后，进入了第四阶段，又一个快速发展的阶段——青春期。

与人类不同，大多数哺乳动物在出生或断奶后生长的速度都很快。随后，生长的速度放慢并达到性成熟。它们没有明显的儿童阶段。一旦过了婴儿期，大多数哺乳动物在繁殖期前就会变成青少年。这时，它们很少需要或不再需要母亲提供的营养支持。没有任何一个其他物种，甚至是和我们亲缘关系最近的远亲大猿类（great apes），能像我们人类一样，在青春期阶段骨骼生长突增得如此显著（尽管雄性大猩猩的体重在青春期也会增加不少）。有人根据化石标本的检验结果提出，智人是第一种也是唯一一种在青春期阶段骨骼生长突增如此之快的原始人类。图尔卡纳男孩的骨骼化石是直立猿人这一物种在这方面的最好例证。这个男孩生活在大约160万年前的东非，其身高达到160厘米。虽然关于他死亡时的年龄问题至今仍存在争论，但可以确定的是，当时他并没有完全成熟。不过，究竟是7岁还是11岁就不能确定了。对于这个问题很难给出明确的答案，因为每种生物生长和成熟的模式都不相同。直立猿人的成熟模式是什么样的？我们青春期的生长突增模式是独一无二的吗？这种生长突增的模式在我们原始祖先的身上出现过吗？也许我们永远都不会知道这些问题的答案。

　　人类儿童这种独特的生长模式不禁让我们产生疑问：为什么出生时我们这么胖？为什么人类有较长的幼儿期阶段而其他哺乳动物却没有？为什么在青春期我们的骨骼生长会突增？这些问题的答案似乎在于，我们要成为一种用两条腿走路、大脑容量的大型哺乳动物，就必须要经历这种独特的发育方式。要进化出大容量的思维器官就需要我们在脑部尚未成熟的状况下出生，以避免孩子头部过大而母亲盆腔狭窄的矛盾。想一下我们出生时神经的成熟度，就能明白这种独特发育方式所产生的代价——其他的灵长类动物在出生时就完全具备了运动的能力，而人类在1岁时才开始试探着迈出第一步，3岁或3岁以后才能追赶我们的父母。这种生长模式给那些居无定所的原始结构家庭（由狩猎者和食物采集者构成）带来了问题，因为婴儿非常依赖成人，他们要在母亲或（外）祖母的臂弯中一直待到3岁左右，可能还会吃奶。重要的是，解读人类的进化一定要考虑到我们进化依赖的环境。即，最初人类的祖先生活在东非，狩猎采集者生活在非常小的社会群体中。

我们出生时的成熟度与那些繁殖速度快的小型哺乳动物不同。我们的脑部在出生之前就已经开始了快速生长，并一直持续至数月后仍未减弱。这样的脑部发育模式意味着大脑必须得到千方百计的保护，人们认为，婴儿高能量的脂肪储备是为了即使面临营养缺乏也可以给脑部的继续生长提供应急能量。在婴儿期我们快速地生长，而后又经历了很长时间的幼儿期，这时我们仍不能完全独立地生活。尽管如此，我们的母亲仍可能会在我们断奶后不久再次怀孕。为什么我们会有这么长的幼儿期呢？现在有很多理论来解释这个问题。有观点认为，这是人类寿命较长而成熟缓慢的副产品。还有一种说法是，这段时期是为了使孩子的脑部持续生长，并不断学到生活的技能。也有人坚持，这是为了使母亲在较早的时候给孩子断奶，以便在她下次怀孕期间可以依靠其他的家庭成员来照顾婴儿。很多人类学家都曾给出数据来支持以上这些不同的观点。

除了人类，其他灵长类生物也有少儿时期。虽然少儿不再依赖母亲的帮助，但是它们还没有达到性成熟。它们的脑部发育虽然已经基本完成，然而它们却还要学习社交及其他方面的技能。它们在种群中也起着重要的作用——如帮忙照顾幼小的同类。人类在狩猎采集社会中也是如此。重要的是，所有这些都发生在它们参与性竞争之前。因此，在进化过程中，选择再次决定了事件发生的时机以及生命进程何时进入成熟阶段。

不同物种的寿命差异非常大，而这些差异又与它们在进化中为保护基因遗传的连续性而采取的策略有关。小林姬鼠（wood mouse）的寿命不到两年，非洲大象可以活到70多岁，而某些乌龟的寿命更长——澳大利亚昆士兰动物园的乌龟哈丽雅特一生跨越了3个世纪，直到2006年才由于心脏衰竭而死，活了176岁。

大多数的动物（女性人类除外）在其成年后的大多数时间里都具有繁殖能力，尽管其中有一些动物的繁殖性能会随着年龄的增长每况愈下——特别是寿命较长的物种中的雌性。绝经期是否是人类所特有的？这个问题众说纷纭。我们会在后面的章节中再次讨论这个话题。

我们为什么会变老？这个问题很难回答。通常，大多数人都认为机能的老化是以下因素共同作用的结果：损耗，接触活性氧自由基，以及导致细胞功能丧失的环境毒素。一种权衡理论或许可资参考。细胞在修复与保养的过程中面临着氧化应激和环境毒素的挑战，而应对这种挑战不可避免地要消耗能量。然而，使细胞保持良好的状况直到繁殖结束至关重要。因此，生物会做出一种权衡——在生命早期以及繁殖过程中投入高成本，以修复和保养细胞，然后再减少投入。不管我们如何衰老、衰老的原因是什么，自然选择都会挑选那些有利于成功繁殖的基因。一旦生物体繁殖结束，选择就很少发生或者不会选择任何对寿命有利的事物。因此，选择可能会偏爱诱发较高繁殖成功率的基因，即使这些基因可能导致生物体命不久矣。雄性鲑鱼的情况就是这样——在一段繁殖期过后便死去。幸好智人要比鲑鱼复杂得多。

改变我们的生活方式

孔雀鱼是一种小型热带鱼，我们经常在人们家里的鱼缸中看到它们。它们原产于委内瑞拉和特立尼达岛的溪流中。然而同一条溪流里的孔雀鱼长相却不相同。生活在溪流上游的孔雀鱼有较亮的彩色斑点和花纹，其中有很多是蓝色的。而生活在溪流下游的孔雀鱼的颜色却没有那么鲜艳，它们身上的斑点很小，蓝色花纹也微乎其微。在溪流上游生活的鱼的体型也要比在下游生活的鱼大一些。为什么会这样？研究发现，对孔雀鱼的最大威胁来自一种生活在溪流下游的体形较大的食肉性丽鱼。而雌性孔雀鱼喜欢与体形大、色彩艳丽的雄性鱼为伴。因此，生活在溪流上游的雄孔雀鱼会发展出色彩艳丽的表型，并在被吃掉前长得足够大并频繁交配。溪流的下游有更多捕食者，所以孔雀鱼必须要更加小心，不能"张扬"。为了能在下游生存，它们保持了较小的体形和不太显眼的外表，以躲避丽鱼的捕食。"伪装"得较好的孔雀鱼经过选择得以留存。尽管如此，它们身上的斑点还是能够吸引到同类的雌性鱼。也就是说，溪流下游的孔雀鱼的生活要更不稳定些，因此，它们采取了这样一种策略：为了把基因传给下一代，就必须尽快地完成繁殖。在生长和"宣传"自己方面，它们反而不用投入太多。生活在溪流上游的孔雀鱼显然过得更加惬意，长成后的体形也会更大一些，这给了它们一种适应性优势。自然选择使不同的孔雀鱼种群适应了不同的环境，并使它们形成了不同的发育路线。从中我们可以看出，生活史策略可以使一个物种与环境实现完美匹配，在早期生活史阶段做出的选择是决定一个物种生死存亡的关键。

　　有些环境表现出可以预测的周期性变化，例如季节性变化。一些蝶类和蛾类会随着出生（即幼虫孵化出来）时节的不同而呈现出不同的翅膀颜色。例如，一种名为偏瞳蔽眼蝶（Bicyclus anyana）的东非蝴蝶全年都可以繁殖，但是在雨季出生和在旱季出生的蝴蝶外表差异很大。多年来，它们被认为是两个不同的物种。在雨季出生的蝴蝶其翅膀上有明显的眼斑。但是随着旱季的来临，气温下降，食物也越来越少，在该季节出生的蝴蝶其翅膀上没有眼斑。它们把自己伪装起来，看起来就像落在植被上的棕色树叶。这些差异引起了一种选择优势。翅膀带有眼斑的蝴蝶会分散捕食者的注意力，使捕食者攻击其翅膀而非躯干。当食物充足时，伪装没有那么重要。而在旱季，各种形式的伪装却是非常必要的。环境影响致使来自同一基因型的物种呈现不同的表型。在这个例子中，"环境影响"即周围环境的温度和日照时长，改变了幼虫的激素分泌，控制了决定不同的翅膀颜色样式的基因表达。

很多野生哺乳动物也会根据季节不同而调整发育模式，其中最明显的例子就是不同种类的田鼠。我们已经描述了美国宾夕法尼亚州的草原田鼠如何根据季节调整它的毛皮厚度。对与其同属一类的物种——美国落基山脉的高山田鼠来说，春季和夏季是其最佳的生育、生长以及交配的季节。这两个季节气候温暖，食物供给也最充足。因此，田鼠能够达到足够的体重，在初夏繁殖期过后仍能保持良好的身体状况，度过寒冷的冬天。而在冬天出生的小田鼠为了保存足够的养料过冬，就会放慢它们的生长速度——如果它们长得过快，并且在冬天繁殖后代，它们和幼仔就很可能熬不过这个冬天。因此，生活在这个小生境中的田鼠进化出了不同的策略来应对季节的变化，它们选择何种发育轨迹取决于昼长。有趣的是，还是同一种田鼠，它们生活在不那么极端的环境中，采取的策略就完全不同。像蝶蛾一样，发育中的田鼠有一系列可以选择的发育路径，这些路径虽以基因为基础，但却要根据环境信号做出选择。

还有一些动物甚至会采取更明显的延迟策略——它们能在怀孕期间按下"暂停键"，这个过程被称为胚胎滞育（embryonic diapause）。母体使胚胎保持暂停发育的状态，漂浮在子宫里，而不是植入子宫壁中。雌性沙袋鼠就是利用这一策略来持续繁殖幼鼠。

它生完小袋鼠后马上就会怀孕。但是刚出生的幼鼠还很不成熟，需要依附在雌鼠的小袋里。雌鼠把所有的能量都用来喂幼鼠吃奶。这时，它腹中胚胎的发育就会中止。而当袋中的幼鼠一旦断奶，胚胎又重新开始发育。不久后，第二胎幼鼠就诞生了（沙袋鼠怀孕期只有 27 天）。此时，雌性沙袋鼠会再次受孕，胚胎仍保持暂停发育的状态直到第二只幼鼠断奶。如果雌袋鼠中的幼鼠丢了，处于暂停发育状态的胚胎就会被激活，并植入子宫壁中，继续发育。"延迟植入"在狍中也是一种非常成功的生存策略。雌狍在夏季受孕，因为夏季是雌狍身体状况最好的季节，也是最多产的季节。而通过采取延迟植入的策略，在冬季它并没有消耗过多的营养储存。春天到来了，孕期又将开始，当食物再次充足时，雌狍就能养活双胞胎或三胞胎幼狍。很多其他物种，包括蝙蝠、犰狳和臭鼬，也有这样的季节性滞育（seasonal diapause）。

对于很多物种来说，气候和营养是影响生长和发育的重要因素。对气候和营养条件具有良好的适应能力是一种生存优势。众所周知，能够预测天气和应对气候变化对出行而言非常重要。试想一下，有一天，你穿着一件大衣，戴着一条围巾，拿着一把雨伞出门，结果外面艳阳高照，这种情况你一定会觉得很尴尬。更糟糕的是，你穿着短裤和 T 恤衫去爬山，起初天气看起来还不错，之后却遭遇暴风雪来袭。这时如果你被困山中，处境将极为危险。由此可见，提前对天气做出预判很重要，这样可以使你在事情发生前就做好准备。对于生物来说，"预测"得越准，存活的概率就越高，因而成功交配的机会也就越大。

生物这种预测的过程在出生前就开始了。通过预测，正在发育的胚胎和胎儿在出生前就能做出适应性改变，因而在预测的环境中具有更强的存活能力。这些预测必须借助来自母体的信号，通过胎盘传递给正在发育的生物体，告知其有关外部世界的信息。即使幼仔直到断奶后才独立面对其所处的营养环境，它也能在被哺育期间接收到一些关于外界环境的信号。母亲越早告知幼仔有关其可能所处的外部世界的信息，幼仔就越能准确地调整其可塑性反应，在环境中就会有更大的生存机会，这点非常关键。因此，在发育阶段，幼仔会利用来自母亲的信息对将来的环境做出预测，并根据预测对组织、器官以及控制系统的发育做出调整。当预测正确时，幼仔在将来的生活中就具备生存优势。如果预测不准确，幼仔将面临与其将来生存的环境不匹配的危险。但事实也证明，即使预测失误，并对幼仔产生一些不利，但是如果预测的结果"对多错少"，幼仔也会具有进化优势。就好像地球上有许多人居住在岛上，例如英国人或新西兰人，对于这些人来说，如果天气预报的准确率达到 50%以上，他们就心满意足了。

现在，我们对幼仔能够借助一些信号做出预测性反应有所了解。这些来自母亲的信号，可能是一种关键营养物质水平的改变，也可能是一种血液中激素的变化。举例来说，宾夕法尼亚州的草原田鼠的幼仔出生时会根据即将到来的季节（冬天或是夏天）对它的毛皮厚度做出适当调整，对于草原田鼠和高山田鼠这两个同类的物种来说，母体怀孕期间不断变化的昼长是一种暗示。胎儿能感知到这种暗示，是因为母体产生的褪黑激素（hormone melatonin）能够通过胎盘传输给胎儿。褪黑激素在白天的低水平和夜间的高水平之间循环变化，并根据黑夜的长度调整在人体中的剂量。因此，当春天白昼变长时，褪黑激素在母体的血液中呈现高浓度的时间段缩短，这告知胎儿夏天就要到来；在秋天，白昼变短，较高水平的褪黑激素会告知胎儿冬天将至。田鼠的发育据此进行相应的调整。

在发育过程中，母体通过信号向胎儿发出与环境有关的若干信息，如可用食物的多少、周围捕食者的数量以及群居的条件。动物研究显示，如果在其怀孕期间暂时限制液体的供给，幼仔的水盐调节机制的平衡点就会相应调整，其储水能力也会有所提升。如果在发育期间所做的预测正确，那么所有这些都会使幼仔在将来的环境中具有适应性优势。

然而，预测可能会失误。幼体在胚胎期或胎儿早期所感知到的环境可能与其出生后所处环境的状况截然不同。如果母体生病、饮食不当或者胎盘发生机能障碍，胎儿就可能预测其出生后将面临营养不良。而事实上情况并非如此。如果母亲吸烟，尼古丁会限制胎盘的营养输送，导致胎儿会预测其出生后所处的环境营养不足，并据此调整表型。而事实上，营养匮乏并没有发生。在第七章中我们会再次讨论这个问题。

我们已经用与疾病有关的例子来阐明了观点。而实际上，所有胎儿自始至终都在对它们的将来进行预判。它们尽力使其身体构造与将要面临的环境达到完美匹配。因此，任何能够左右胎儿发育的因素都会对随后的匹配程度产生影响。这些生物体发育早期的经历使其整个生命进程策略发生改变。

正 确 的 途 径

比较生物学家通常从两个主要方面来考察生物的生命策略：食物和性。不同的生命进程策略代表着不同的选择结果。这些选择是基于以下几点做出的：生物的生理情况与其所处的自然环境之间的匹配程度、食物的可获得性，以及在生物生存环境中存在的威胁（自然环境、捕食者或来自同一物种的竞争）。大体而言，生物可以采取两类极端的策略。虽然有些动物采取这些极端的策略，但大多数物种所采取的策略介于这两者之间。一种极端的策略是，有些动物具有很强的繁殖能力，但是它们的后代中只有少数能够存活下来，继续繁衍后代。通常来说，这些动物的发育速度非常快，其成年后可能寿命很短，体形也很小。昆虫、鱼、两栖类动物以及很多小型哺乳动物（例如鼠）都属于这种发展模式，尽管它们发展程度不同。另一种极端的策略是，有些动物仅有几个后代，但是它们竭尽全力呵护后代。其婴儿的死亡率要低很多。它们生长缓慢，但体形相对较大，并且在生命中较晚的时候参与繁殖。例如大象、马、蓝鲸和人。

这些基本策略可能会受到环境因素的影响。举个例子，对于一个高繁殖力、寿命短的哺育者来说，在危险丛生的环境中对营养匮乏环境做出的恰当反应也许是，加快成熟的速度，尽早繁殖。尽管这样会使生物个体处于危险的状况中，但基因遗传总算是被保留了下来。与之相比，每次怀孕只产一胎的动物成熟缓慢，繁殖较晚。动物必须尽力推迟其繁殖的时间，等到时机更加合适再进行繁殖。因为未成年的幼仔在其出生后的很长一段时间内极其需要母亲的帮助，因此母亲的存活对它们来说非常重要。大多数动物所采取的生命进程策略介于这些极端的策略之间，但是人类是一个发育非常缓慢的例子。

人类与其他动物一样，在进化过程中形成了这种权衡能力。我们可以从营养、发育、生长阶段、寿命以及繁殖之间的相互影响的角度来理解这种能力。当尚在子宫中的人类胎儿面临营养不良时，它要在较早成熟与还未成熟就降生之间作出权衡。在很多物种中，繁殖成功率的提高导致了另一种与生物学有关的权衡形式——雌性的寿命缩短。一项对英国贵族（他们被认为一生都在最佳的社会经济条件下生活，并且其生育记录相对可靠）的研究发现，皇后和王妃所生的孩子越多，她们的寿命就越短。

现代人类由二十多种原始人类中的一支演化而来。在几百万年前，我们的共同祖先经过进化开始用两条腿走路。作为万千物种之一，人类具有一些独有的特征，正是这些特征塑造了我们的发育模式。在我们巨大的颅骨内，有一个体积大且功能强的大脑——我们的脑容量（1 350 毫升）几乎是我们早期祖先"能人"（Homo habilis）脑容量（800 毫升）的 2 倍，是已知最早原始人类的 4 倍。在剖腹产出现以前，经骨盆腔分娩是婴儿出生的唯一途径。但为了使两条腿走路更有效率，原始人类要改变臀部的位置，使骨盆腔变窄——否则一旦走路，我们就会脸部朝下摔倒在地上。当我们把即将出生的婴儿的头部大小与骨盆腔宽度相比较时，就会发现没有多大的误差。相比之下，大多数其他的灵长类动物的骨盆腔可能要较大一些，因为它们不能直立行走。因此，黑猩猩幼仔能够脸部朝前，直接通过骨盆腔被分娩出来，而人类的婴儿则不能。臀部重新调整使骨盆腔的角度变窄，所以人类的婴儿在出生时只有旋转它的头部才能通过狭窄的骨盆腔。因而，人类婴儿的出生方式很独特，并不是脸部朝前。人类学家温达·崔瓦森（Wenda Trevathan）曾提出，在人类的婴儿出生时，如果有另一个人在场，及时把婴儿的嘴清理干净，这样当它的头部出来时就能呼吸到空气，其存活概率就会更大一些。难道，这就是助产士的由来？

穴居类哺乳动物，例如兔子、白鼬和田鼠，它们的怀孕期很短，一窝生出的幼仔很多。刚出生的幼仔发育很不成熟，需要巢穴的庇护才能继续发育。这些幼仔看不见东西，皮肤相当脆弱，不能走动，也不能很好地调节自己的体温。但是，这些动物出生以后就会成熟得非常快。一只老鼠幼仔出生后 21 天会断奶，而只需再过 30—40 天它就能完成从青春期到进行交配的过渡。这种类型的生物在术语上被称为"晚熟性"（altricial）。通常来说，它们的体形小、寿命短。

有袋动物也是一种哺乳动物，大约 1.5 亿年前，它们的祖先与其他哺乳动物的祖先形成分化。它们的发育模式甚至更加极端。其后代出生时实际上就是胚胎。幼体通过追踪一系列化学气味嗅到乳头，伏在上面舔食乳液，而后要在育儿袋中经历一段长时间的成熟过程，而不是像其他哺乳动物的胎儿是在子宫里发育。

单孔目动物（monotreme，这个词在希腊语中意为"单孔"，指像爬行类动物一样只有合一的总排出腔，即用来排尿、排粪和繁殖的泄殖腔），如鸭嘴兽，是一个更古老的哺乳动物分支，主要生活在澳大利亚和新几内亚。单孔目动物的繁殖很独特，母体通过产卵繁殖，而不是在子宫内孕育幼仔。当幼兽被孵化后，母亲仍用"乳腺"哺乳喂养幼仔。事实上，它们的"乳腺"只是皮肤上一种特化的汗腺。

其他动物，尤其是体形较大的哺乳动物，例如河马、马和驼鹿，它们的幼仔生来就非常成熟，能四处走动，有很好的视力、听力以及肌肉控制力，也能很好地调节自己的体温，但它们仍然要靠母体提供食物。所有类人猿都是如此，只有人类除外。为了解决婴儿的头部大而母亲的骨盆狭窄的问题，我们逐渐进化——在婴儿的大脑很不成熟的情况下母亲就进行分娩，出生以后其脑部仍需经历长期的发育过程。因此，与其他的类人猿不同的是，人类在出生时大脑很不成熟，不能走动也找不到自己的母亲，要完全依靠母亲的帮助才能生存。这意味着，我们在婴儿期和幼儿期需要得到母亲长时间的支持，直到完全独立。这对人类不断发展的社会结构也造成了影响——在很长一段时间内，孩子都需要父母的帮助，通常是母亲。

如上所述，脑部大和用两条腿走路对人类进化发展具有举足轻重的意义。我们需要在这两种相互博弈的需求中找到平衡，这决定了我们的发育模式。其他物种要采取各自的生命进程策略，也要为此付出其他形式的代价，在这方面，人类与它们没有什么不同。人类胎儿接收到有关其生存环境的暗示后，也要使其发育适应生命进程策略的改变。胎儿会尽力对其将要生存的环境做出预测，但是，我们的可塑性并不是无限的，因此我们生存的环境范围仍然有限。但是，我们有另一种独一无二的能力，那就是我们非常擅长改造我们的环境。下一章我们会就此展开论述。

第四章

时 过 境 迁

    尼日利亚北部的很多地区饱受战争和饥荒的困扰，越往北，土地越贫瘠。尼日利亚东北部与尼日尔接壤的地区主要生长着金合欢灌丛，人们只能靠种植小米和饲养几头骨瘦如柴的牲畜才能勉强维持生活。这里的夏季酷热难耐，而且十分干燥。在雨季，这种状况虽然有所缓解，但龟裂的土地会变成泥浆，甚至连自行车的车轮也会经常陷在泥里。曾经，这里的人几乎不与外界进行贸易和交流，连药物供给都无法到达，这里似乎是一个远离现代文明的地方。到这里旅行就像回到了遥远的古代。事实上，这一地区或许正是人类的起源地，迄今所知最古老的原始人类的遗骨发现于此。骸骨的主人被命名为"图迈"（Toumai），他生活在大约 700 万年前，大脑约为现代人的 1/4 大。然而，如果说我们又回到了史前时代，却是不恰当的。即使对如今居住在那里的人来说，他们的生活与旧石器时代的智人的生活相比，还是大相径庭。

    这一地区有几个卡努里部落的小型定居点，都离乍得湖很近。乍得湖是一个名副其实的内陆湖泊，现在的乍得湖与过去的相比，面积要小很多。还有几个村庄间隔地坐落在不同的溪流边，这些溪流最终都流入乍得湖。除此之外，这一地区几乎没有人居住。因为这里旱季的水量少之又少，雨季水量又太多，十分不适合人居。20世纪60年代末，依靠国际组织以及巨额投资的帮助，当地的人终于开始过上了较好的生活，地区经济也开始繁荣。人们计划把流到湖里的河水引入灌溉系统中，为新的定居点和作物种植（如水稻）提供可持续的水源。据规划，未来这一地区的经济将会持续增长，可能还会建设封闭型道路甚至是机场。某些机构和组织甚至已经开始设想乍得湖最终会成为一个旅游胜地。

然而，如同人类为了改变环境做出的很多错误尝试一样，这个问题的解决办法也是以错误的前提为基础的。它忽略了这个地区居民生存艰难的主要原因之———血吸虫病。1971年，英国医学研究考察队的马克去尼日利亚研究这种疾病。血吸虫病是一种地方性慢性疾病，影响了撒哈拉以南近两亿非洲人的生活。仅在尼日利亚的乡村地区就有70%的孩子和50%的成年人感染了这种疾病。血吸虫病是由于肝脏和脾脏感染了微小寄生虫，这些寄生虫会引起器官的肿大和缓慢衰竭。像很多其他的人体寄生虫一样，这种寄生虫的生活史很复杂，它不是直接把疾病从一个人传给另一个人。它们所产虫卵随人类寄主的尿液和粪便排出。因此，在卫生条件不好的地方，特别是在雨季，寄生虫卵就会进入这个地区的河流和池塘中。从卵中孵出的幼虫而后又在第二个寄主钉螺的身上大量滋生。之后，这些微小的、像蠕虫一样的幼虫离开钉螺开始自生生活。它们在水中游动，并寻找新的人类受害者——可能是一个在河里洗澡的孩子，也可能是一个在河岸边洗衣服的妇女。这种形式的寄生虫能穿透完好无损的人体皮肤，进入到血液中，并经血液入侵人体肝脏和脾脏。就这样不断地恶性循环。在雨季，血吸虫病通过这样的方式在人类寄主之间快速传播。即便是在干旱的季节，血吸虫的幼虫仍可以寄生在钉螺内。因为钉螺可以把自己埋在土里存活数月度过干旱期，待到下雨的时候又活跃起来，开始繁殖，并释放能刺穿皮肤的血吸虫幼虫。因此，把钉螺作为第二寄主对这种寄生虫来说是一个有利的选择。

数千年来，当地人在河边取水、刷洗或在乍得湖岸边垂钓时，就会受到大批血吸虫寄生物的侵扰，这就是生活在地球上这个特殊地区的人们付出的可怕代价。20 世纪 70 年代早期，用于兴农的灌溉方案仍处于试验阶段。这一方案的开发者认识到，他们想要开发的灌溉渠很快就会被钉螺占据，而耕种作物的人类会接触到能刺穿皮肤的血吸虫幼虫。但是，即便发生这样的情况又有什么关系呢？他们辩称，许多卡努里农民已经患上了血吸虫病，与水的更直接接触对于当地人来说并不会使事态更糟。马克在牛津的研究使他接触到了持不同观点的热带疾病专家。这些专家认为，血吸虫病症状的严重性与人体中的寄生虫负载量有直接关系。没有第一批钉螺的侵扰，寄生虫就不能从一个人传染到另一个人。因此，患病的严重程度和这个人与水的接触程度紧密相关。卡努里农民或渔民也许已经患上了这种疾病。但是，在某种程度上，他们已经适应了在这种环境中生活所付出的不可避免的代价。他们的寄生虫负载量通常不会影响他们身体的正常功能。然而，一旦开始实施灌溉方案，他们就要在水中待上更多的时间，受侵扰的程度一定会变得更加严重。

这种突然的环境改变，即在水中待上更多的时间以及寄生虫数量的增加，对卡努里人造成了严重的影响，引发了毁灭性的后果。他们的工作量和生产力下降，原来作为壮劳力的男性失去了劳动能力，导致家庭收入随之减少。一个原本处于稳定生存状态的社区，生态系统的突然改变使居于其中的人们越来越依赖外部援助。尽管付出了代价，这里的人们本已适应了这种特殊的、贫瘠的环境。当外来者打扰了他们的生活，改变了原来的环境时，他们固有的能力已不足以应对这样的状况，结果是，他们的健康状况恶化，社会遭到了严重破坏。卡努里人的困境正是源于那些自认为可以为卡努里人带来更好生活的人们对当地生存环境的改造。这里有一个悖论：人类已经是一种成功的泛化物种，因为我们能够改变我们的环境，扩大我们的舒适区；但是，有时正是这种对环境的改造给我们自己带来了灾难。

改 变 环 境

不仅人类能够改变和控制所处的环境，很多昆虫也可以，例如白蚁和黄蜂。澳大利亚北部的白蚁能筑起几米高的巢穴，这些巢穴呈竖立的刀片状，并且都是南北朝向。很多旅行者对这些所谓的"有强大吸引力的"白蚁巢穴感到不解，但同时也很感谢这些巢穴为他们在广阔的大地上旅行时指引方向。白蚁选择这种南北朝向的设计是为了使巢穴内的温度达到最稳定的状态。在一天中的早些时候和晚些时候，平展的侧面能尽可能地吸收太阳光的热量，而当正午阳光强烈时巢穴的边缘正对着太阳，热量会被减到最低。这样，白蚁巢穴的温度总能保持令居者适宜。

大多数物种并不能改造它们自己的生存环境。特化物种在特定的自然环境中生存是最成功的。它们在这样的环境中进化，并且适应这种独特的自然环境。如果它们不能进化或者不能适应环境的改变可能就会陷入危险，因为特化物种的舒适区非常局限和特定。举例来说，在加拉帕戈斯群岛上，现存 13 种雀科鸣禽，其中每一种都能适应它们特殊的小生境。这些鸟类对小生境的选择通常取决于以下几个因素：是否有它们喜欢的植物、爱吃的种子以及这些鸟类是否喜欢在地面上生活。这些物种大概是进化生物学研究中最著名的鸟类。虽然达尔文收集了样本，但他却从来没有仔细地研究过它们。与流行的说法相反，它们并非促成达尔文早期思想的关键组成部分，他只是在《物种起源》一书中对这些样本略略提及，甚至没有标记清楚鸟的种类以及它们所在的岛屿和小生境的名称（这确实是科学家们关心的问题）。加拉帕戈斯群岛上的这些鸟，有的生活在地面上，很少飞行，而其他一些鸟则生活在离地面较高的地方。各种雀科鸣禽的区别在于其体形的大小、喙的形状和大小以及它们喜欢的食物来源。喙的特点决定了它们喜欢吃什么样的种子。实际上，这些生物都是由同一个原始物种进化而来，它们满足了岛上各种小生境的要求，因而避免了过多的直接竞争。但是，当日子不好过时，例如长期干旱，某些类型的种子就会消失，此后如果某种鸟类的喙的形状不能与剩下的可食用的种子相匹配，该物种就会灭亡。因此，天气既改变了这个物种的表型又改变了生物的特性。一般来说，天气变化具有周期性，所以多年来岛上鸟类的特性会随着季节交替呈现周而复始的变化。但是如果环境变化过于剧烈，或者发生了不可逆转的改变，那么一个物种就很有可能消失。达尔文收集的雀科鸣禽标本中的一种——费洛雷纳岛上的大地雀，在与达尔文邂逅之后没几年就灭绝了。它们的灭绝很可能是因为其主要食物来源的消失，而不是由于天气原因。这些鸟几乎都以当地的一种仙人掌为食。这种仙人掌的种子比加拉帕戈斯群岛上其他仙人掌的种子都要大。大地雀是唯一一种能"享用"这些大而坚硬的种子的鸟类，它们的喙已经得到了相应的进化。然而，在殖民地监狱被废弃之后，牛群被散放到岛屿的野地上，导致了仙人掌的灭绝。大多数雀科鸣禽是生活在地面上的鸟类，它们成了囚犯宠物猫的盘中美味，其生存环境再次受到影响。这个例子表明，一个物种的灭绝会导致另一个不能应对环境变化的特化物种的灭绝。

小生境的"建设者"，例如白蚁，会为自己建造相对稳定的环境；而特化物种则要受到极其特殊的环境的限制。相比之下，人类能不断创造新的环境，发明新的技术，因而可以在任何环境中生存。新技术的应用可以使大片环境变成所谓的舒适地带。衣服、圆顶冰屋以及狩猎工具使因纽特人能在北极圈内生活；漂浮的芦苇岛使艾马拉人能够生活在安第斯山脉中的的的喀喀湖（Lake Titicaca）上；技术使我们能够建造出全年室温稳定的摩天大厦和地下购物商场。

借助这些技术，人类似乎可以无限地改造环境。确实，近代史中不乏人类利用新技术大规模改造环境的例子，不论是自然环境、营养环境还是社会环境。新技术使得我们能在最初的进化环境以外的环境中生存。但是，我们为改变环境所付出的代价也日益凸显，这种代价包括我们的身体构造与环境之间产生错位，导致患病概率增大。

让我们先来回顾一下，在人类的进化历史中，人类身所的环境是怎样发生变化以及人类自身是如何改变环境的。简单来说，人类早期的历史就是一部迁徙史，早期人类学会了如何去适应不同的环境，而随着时间的推移，人类通过定居、发展农业以及建立复杂的社会体系，改善了自身的营养环境，并改变了社会环境以及自然环境。我们感兴趣的是，人类能在多大程度上适应或不适应这些变化了的环境。讨论这个问题，无需用一个章节来描述人类的历史——

我们不是历史学家，有关这个话题的书也有很多——但是，作为生物学家，我们无法脱离自从人类开始进化以来就发生的环境变化来谈论匹配或错位，因为我们是否有能力应对这些环境变化，决定着我们与现代世界的匹配程度。因此，这个章节的余下部分将会聚焦那些已经发生的环境变化——在某些情况下，这些环境变化已经超出了我们的适应能力，让我们的生活付出了一定的代价。我们也会将关注的焦点集中在人类独有的技术变革能力，例如改变食物供给、延长寿命以及在高密度的复杂社会中生活。

不断迁徙的原始人类

人们认为，第一批原始人类是从森林迁居到热带草原的，并且正是这样的迁居直接或间接地导致了他们行走姿势的改变——从屈膝蹲伏到直立行走。大约在 200 万年前至 100 万年前，在东非大裂谷东侧居住的直立人首先开始制造工具并使用火。大约 15 万年前，最早的智人也出现在这一地区。

在这个时期，环境发生了很大的变化。我们可以通过研究冰芯样本中捕获的气体来揭示这些变化。冰芯内部的气泡中含有百万年以前的气体，可向人们提供有关气候变化的重要信息。研究表明，地球的平均温度和海平面都呈现出复杂的周期性变化。这在一定程度上是由地球绕日轨道形状（变化周期是 10 万年）、地轴倾斜度（变化周期是 4.2 万年）以及地轴摆动（变化周期是 2.2 万年）的周期变化所引起的。这些变化相互作用，连同太阳黑子的变化以及诸如大陆漂移等因素，共同改变着洋流的模式，使地球气候发生重大改变。冰川作用导致全球气候变冷，同时海平面开始下降，因为水被困在极地冰川中，这就是冰川时代。地球的历史就是冷暖交替的循环，尽管由于影响地球气候因素的多变，这种交替变化的周期和模式非常不规律。最近的冰川期始于 10 万年前，结束于 1.15 万年前。自从那时起，地球的气候就一直处于温暖的间冰期。

原始人类至少有两次重要的大迁徙。第一次是大约 100 万年前直立人的迁徙，他们及其后代中的一些人，例如尼安德特人，开始占据欧亚大陆的大部分地区——从西班牙到印度尼西亚。他们为什么要迁居？是因为人口膨胀还是因为环境发生变化，使他们被迫离开故地寻找新的舒适区？我们不清楚真实的原因。尼安德特人和小个的弗洛勒斯人（在印度尼西亚的弗洛勒斯岛上发现的与尼安德特人不同的人种）可能是最后两个与我们一同居住在这个地球上的原始人种。一直以来，智人的起源问题争议不断。智人是仅起源于非洲还是从直立人及其分布在非洲、亚洲和欧洲的后代分别进化而来？现在，该问题已有答案。基因标记研究表明，智人是由生活在 15 万年前的非洲直立人进化而来。

经过卓有成效的探测工作，我们已经绘制出智人离开非洲时的迁移路径。这项工作基于两个方面，密切关注女性的踪迹，以及关注男性的踪迹。人体细胞内的小细胞器中包含着一种特殊形式的 DNA，即线粒体 DNA。这种 DNA 的特殊形式只能由母亲遗传给女儿，而 Y 染色体只能从父亲遗传给儿子。鉴于此，研究者可以通过查找女性的线粒体 DNA 以及男性 Y 染色体的基因标记和变异来追踪女性谱系和男性谱系。

大约 6.5 万年前，智人开始从非洲迁移他方。直到 4.5 万年前，才到达澳大利亚。迁徙的时间似乎过于漫长。但是在冰川期，人们需要从现在的印度尼西亚横渡大海才能到达澳大利亚，这表明当时人类技术已经有了很大的发展。很有可能，智人是在大约 1.3 万年前才进入美洲。当时，冰川消退使白令海峡上出现了一座陆桥，智人从北洛基山脉东部出发，经过这段没有冰的陆桥，就来到了美洲。新西兰是最后一片人类定居的重要土地，仅仅 1 000 年前，毛利人乘木筏迁徙至此。

当时，一个迁居群体的规模很可能非常小，也许只有关系密切的 10 至 50 人。据估计，只有少数几人越过了白令海峡，他们的后代就是现在南北美洲的土著人。同样，芬兰原始居民的祖先似乎也是极少数的原始人。

纵观历史，游牧部落通过长途跋涉得以生存下来。从游牧民横渡白令海峡开始，人类只用了 1 000 年就在整片美洲大陆繁衍生息。通过迁徙，狩猎采集人口分散在更广阔的地理区域，他们不得不适应更加多样的环境。但是他们会使用火和工具，会缝制衣服及建造住所，并且还具备群体狩猎所必需的交际技能，因而他们能够适应环境并生存下来。

旧石器时代的人类

语言使我们能够彼此交流、制定计划、使用技术。很多专家认为，没有语言也许就不会有具象派艺术和抽象思维。但是，我们并不知道语言是在什么时候出现的。大约 6.5 万年前，当原始人类开始走出非洲时，他们的技术和社会能力似乎得到了快速发展。有一种观点认为，这些发展与我们的语言能力的成熟有关，而另一些人则认为，语言一定是在更早的时候就有所发展。不管哪种观点是正确的，洞穴壁上的具象派绘画、珠串及其他个人装饰物和雕刻物品的出现，必然与复杂的专业工具的使用密切相关。大约同一时期的随葬品的出现表明，我们的祖先当时已经具有某种信仰，如对来世和传统的"宗教性"的信仰。在此，我们看到了点燃人们想象力的文化艺术的诞生。是什么驱动了艺术的诞生？是生活已经有足够保障，人们可以有闲情发展艺术？还是在洞穴里的漫漫寒冬中，人们一边生发出对春天狩猎的憧憬，一边担心邻近族群的袭击，从而促使了艺术的发展呢？他们是否认为人的寿命可以更长，所以把尸体掩埋起来，并举行仪式以慰神明？或者，这样的葬礼是对生命的一种庆祝？我们无法知道答案，但这并不妨碍我们把这些视为人类进化的重要标志——复杂的抽象思维出现了。

这段时期常被称为旧石器时代。我们对它的了解多少有些推测的成分。至少，相关的考古学和古生物学研究都很有限。随着农业的发展和人类的定居，旧石器时代于大约一万年前终结（某些群体，例如澳大利亚的土著居民，直到近代才采用后旧石器时代的技术）。作为一个物种，也许我们的历史中 95% 的时间都处于旧石器时代。然而，如果你认为人类在旧石器时代的生活是一成不变的，那就大错特错了。当时，人们生存的环境范围极其广阔，而且在旧石器时代后期，人类在工具制造技艺方面取得了长足的进步。

尽管有限的地质学研究资料无法使我们进一步了解旧石器时代，但是仍有一些研究者在努力追踪至今仍存在的几个狩猎采集社会，试图借此增进我们对旧石器时代的了解。某些巴布亚部落虽然长期保持了新石器时代之前的生活状态，直到与欧洲人接触才开始发展农业。但是，关于这些部落接触现代技术之前的记载十分有限。现在仍有几个狩猎采集社会存在，例如卡拉哈里沙漠的布须曼

人（the Kung）以及某些巴布亚和亚马孙的部落。但是，这些社会
已处于这个日新月异的世界的边缘，并且成员经常被迫离开他们祖
先生活过的环境区域。他们被排挤到原本人迹罕至的生态系统中，
被迫过着与其祖先截然不同的生活。因此，根据这些人群的现状对
史前资料做出推断并不容易。

生活在旧石器时代的人类身处的环境范围很广——从炎热的非
洲到寒冷的北极。我们可以对此做出一些归纳，以便读者了解人类
祖先面临的选择压力。例如，早期的人类进化时并没有碰到人口密
度大、社会等级复杂的压力，起初他们应对的只是小型的社会群
体。他们也没有接触到由农业生产带来的高碳水化合物、高脂肪饮
食。因此，他们原本就没有什么这方面的进化压力。

"进化适应性环境"（environment of evolutionary adaptedness）这
个特殊的概念由精神分析学家约翰·波尔比（John Bowlby）首次提
出，并由科斯米德斯（Cosmides）和托比（Tooby）两位进化心理
学家进一步发展，他们定义了旧石器时代的选择性环境，特别提到
其中的心理机能问题。他们假设脑功能以一种模块化的方式进化，
旧石器时代的社会环境，即相对独立的小型家族群体，塑造了这些
模块。然而，也许这两位专家在"环境决定选择"这个重要论点上
走得太远。人类大脑的一个重要特征是它的自学能力和可塑性，大
脑的运转并不是一个封闭的系统。虽然我们的代谢机制、生长发育
和繁殖模式缺乏可塑性，但我们的大脑并非如此，并不是人类的所
有行为都能被简单视为对石器时代的环境做出的反应。当然，我们
也赞成这种观点，即"进化适应性环境"这个概念虽然过于夸张、
过于简单化，但它说明了一点——要了解现代人类，必须考虑我们
是如何进化的，以及在此过程中受到了哪些限制。

食 物 和 耕 作

欧洲人的祖先作为狩猎采集者生活在非洲，其食物主要来源于两方面——一是采集坚果、水果、种子或植物的块茎，二是狩猎。人们对旧石器时代的食物构成有许多推测，但显然在许多方面它与现代饮食结构有很大差别。由于旧石器时代的食物没有那么精细，所以食物纤维素含量很高，而升糖指数（即快速提高血糖的能力）却要低得多。野生蜂蜜是浓缩糖的唯一来源，而糖在我们祖先的饮食中占比很少。此外，他们的饮食中包含脂肪酸、更高含量的蛋白质以及更低的盐分，但钾的含量却很高。那时没有牛奶、黄油或奶酪，通常来说动物肉的脂肪含量也比现在的要少得多。狩猎采集者根据可以获得的食物量分散生活，他们可以对环境做出适当的选择。没有化石证据表明他们长期营养不良，事实正好相反，从头骨获得的数据表明，他们的身高已达到或接近现代人的高度。

随着海平面的上升，地球表面发生了巨大的变化。同时，南北两个温带的扩大也改变了植被的分布。大约 1.15 万年前，最近的一次冰川期结束了，温带和热带森林的面积也随之扩大。对于人类来说，这标志着"强化"时期的开始。人类不再只是从自然环境中获取那些唾手可得的东西，而是开始运用技术，因而他们从自然中所获之物也越来越多。

各个时期、各地区的动物饲养及农业发展方式不尽相同。大约1.1 万年前，富饶的新月沃土（从累范特到底格里斯河和幼发拉底河）就出现了农业，而非洲地区 6 000 年前至 4 000 年前才开始发展农业，澳大利亚的农业则要到很久以后通过与欧洲殖民者的接触才开始发展。

正如贾雷德·戴蒙德（Jared Diamond）在《枪炮、病菌与钢铁》（*Guns, Germs, and Steel*）一书中描述的那样，生物地理因素，尤其是当地的植被以及较大的野生物种的特性，决定了不同地区的人会采取特有的农业发展方式。冰川期末期，气候变化导致了植被的巨大改变，动物的分布也随之发生重大改变。随着森林面积的扩大，欧亚大草原的大型食草类动物被较小的物种取代，这使得狩猎变得更加困难，但却促进了畜牧业的发展。在富饶的新月沃土，气候和植被的变化也使搜集食物变得更加困难，而这种变化却有利于从大约 1.1 万年前开始的农业发展。

经过选择，人们开始种植植物，还驯养了不少野生动物，这种有意识或无意识的人工选择使大量的动物和粮食作物得到了发展。一般来说，被驯养的动物体型比其同类的野生动物要小；被选择的植物发芽早，并且其种子表皮较薄，个头较大。有趣的是，我们在前文提到过的贝尔耶夫对西伯利亚银狐进行驯化的实验表明，这种选择揭示出潜在的基因和表型变异。这些变异也许已经构成了农业发展的一个重要组成部分。

是什么导致了旧石器时代社会向农业社会的转变？值得注意的是，这种转变至少在世界各地发生过 9 次，每个地区各自独立地经历着向农业社会的过渡而后扩展至他处。当然，我们也要看到，即便具有农业方面的知识，也不是所有的群体都会实现向农业社会的转变——狩猎采集者和种植庄稼的人在亚洲各地同时存在。人口膨胀与气候变化的共同作用可能是农业发展的主要推动力。旧石器时代，一些食物充足的、更加富裕的觅食者群落不必经常迁移，它们已经显示出某种半定居的特性，例如，在大约 2 万年前，乌克兰猛犸象猎人的临时村子里有储存肉的地方。技术和工具的发展，例如更好的鱼钩、矛头、收割野生谷物的镰刀以及动物诱捕器，使狩猎和搜寻粮草更加有效，从而促进了人口"强化"和定居。群体之间的物质交换也因此越来越多，贸易往来由此兴盛，甚至在交换地点出现了城镇，例如杰里科（Jericho）。

农业也改变了人类的饮食结构。放牧使对牛奶这种食物的采集成为可能，人们还可以不断地食用到更肥美的肉类。为了吸收牛奶中的营养物质，我们需要用肠道内的乳糖酶来消化牛奶中的乳糖。但是，人们认为我们祖先并非都具有乳糖酶，所以当初他们未必能适应这种食物。然而，现在我们在整个欧洲人种中发现了这种乳糖酶，尽管其他人种中有这种消化酶的人口较少。这表明，在那些畜牧的人群中，体内有乳糖酶的人被积极地选择出来，他们饲养奶牛、绵羊和山羊，食用牛奶、黄油和奶酪。与之矛盾的是，现在我们已经逐渐把乳糖酶缺乏（lactase deficiency）视为一种非正常现象。

但是，畜牧的发展有其弊端。放牧和饲养使人类与动物和鼠害的关系更加密切，因此感染疾病的危险也更大。许多由病毒引起的疾病，如流感，以及一些由寄生物和细菌引起的疾病，例如钩端螺旋体病（leptospirosis）和沙门氏菌病（salmonella），都源于家养动物寄主。这些病毒通常都是畜类和禽类所特有的，而病毒在它们身上没有任何症状。但是，1918 年、1957 年以及 1968 年世界范围内暴发的大流感表明，一旦病毒找到了感染人类的方式，侵入我们的免疫防御系统，将会造成灾难性的后果。据估计，1918 年暴发的大瘟疫中，全世界有 2 000 万—4 000 万人丧生，这一死亡人数要远远超过此前发生的第一次世界大战。2004 年，H5N1 型病毒引起人禽流感暴发。这些病例表明，病毒仍旧是人类健康的大敌，病毒与人类之间为争夺繁殖适切性而进行的斗争将长久存在。同时，这个事件还反映了我们生活的另一面——我们的免疫系统在这个更加干净的现代世界中缺少高浓度细菌性病原体（bacterial pathogen）的威胁，这也许能够在一定程度上解释为何哮喘和过敏症的发生率（尤其是孩子患病的发生率）不断升高。

乡 村 和 城 镇

农业的发展促使社会结构发生了巨变，乡村出现了，随后城镇和城市也相继产生，人们之间的联系变得比以往（即狩猎采集社会或游牧社会）任何时候都要密切。

我们来看看定居是如何成为人们的主要生活方式的。定居需要建造更多永久性的住所，这样，更多的人能够聚居在一起。随着聚居群落的规模越来越大，社会分工开始出现。不是每一个人都需要做所有的事情，有些人负责织布，有些人负责制造工具，其他人则可以照料庄稼。当庄稼收成好时，人口增长迅速。而在收成不好的年头里，定居又使迁移变得十分困难。

通常人们认为狩猎采集者过着饥饱参半的生活，但是现有数据表明，他们不仅非常健康，而且其饮食和生活方式也相当稳定。原始耕种者的情况却不是这样，在歉收之年，居住在人口密度较高的定居点的人们生活其实十分艰苦。更糟的是，疾病会削弱他们应对恶劣生存环境的能力。而已经定居下来的人们不可能再像狩猎采集者那样离开聚居地寻找食物。他们陷入了困境。

随着定居规模的扩大以及分工的进一步发展，社会阶层开始形成。等级分明的权力制度也得到了发展，并进一步促进了技能的专业化：国王、士兵、作家、商人、工具制造者、牧师、纺织者，等等。专业化使得人们必须生活在更大规模的网络化社会中。举个例子来说，某个人以制作罐子为职业是没有任何意义的，除非某一具有相当规模的社会对罐子有足够的需求量。而罐子的制作者也要依靠其他专业人士的协助，例如也许需要商贩提供颜料以便他可以美化罐子，或者需要某个人把罐子带到市场上去销售。这样，专业化的劳动者之间就建立起了简单的相互依赖关系。同时我们还会发现，当社会越来越复杂时，以货易货——"如果你既为你自己的牛挤奶，也为我的牛挤奶，那么我就为你制作罐子"——变得越来越不切实际了。大约4 000年前，人们开始使用金属代币作为在谷仓中储存谷物的收据，这就是现代货币的雏形。与此同时，书写作为一种记账方式也在很大程度上得到了发展。在此过程中出现的城市，大多位于战略要地，尤其是位于那些贸易较发达的地区，因为当专业分工不断细化、社会结构不断发展时，贸易成为经济的重要组成部分。同时，当地的文化交流和物质交流随着人际网络的发展日渐频繁，这种知识交流促进了社会的集体学习，而社会的集体学习反过来又促进了技术的进步。

城 市 生 活

城市的发展速度非常惊人。人口普查记录以及居民对谷物和水的需求的记录显示，罗马的人口数在公元前1世纪就已经接近50万，到公元4世纪时已经增加到150万。有些罗马居民居住带有小花园和水池的别墅中，还有很多奴隶侍奉他们。但是这样的房屋只有 1 000 幢左右。其余的居民都住在城市和市郊的约 5 万幢 "住宅屋区"（insulate，也称为 "罗马公寓"）中。这里，一家人往往挤在十分狭小的空间里生活，卫生条件也很差。这与如今很多城市中的陋巷没有多大差别。较低的楼层通常被用于建商店、酒馆或者储藏室。这些建筑物经常倒塌，发生火灾和传染疾病的概率也很大。

考古学家对古罗马的排水系统赞赏有加。这一排水系统最早建于公元前 6 世纪，其规模随着城市的发展逐渐扩大。但对城镇中的贫民来说，供水和排水系统并没有与他们的 "住宅屋区" 相连，在 "罗马公寓" 一楼以上几乎没有任何卫生设备。富人们的家中也许有盥洗室，甚至马桶还会装有清洁用的导水管，但这在那时还很少见。其他市民还只能使用公用的厕所和洗浴设施。这些设施有时设置在街角，无疑，这里是疾病传播的温床。大街上时常会有未经处理的污水甚至是尸体。传说有一天，罗马皇帝韦帕芗（Vespasian）正在用早餐，一只狗从街上带回一只人手，并把它放在餐桌下面。这件事引起了很多议论，有人说它是吉兆，有人却说不是。

可见，城市生活改变了人类的生存状况。拥挤的居住状况使感染疾病的概率大增，卫生状况也很糟糕。在罗马，有时一家人只能挤在面积大约 10 平方米的房间里。当粮食收成不好时，食物供应变得更不稳定。据记载，古希腊和古罗马确实多次发生饥荒。由于人口多而瘦肉、鱼、水果和蔬菜的供给少，人们的饮食失去了平衡，碳水化合物摄入量开始增加。有明显的证据表明，当时的居民身体健康不断受到损害，成年人身形开始变小，这说明他们在儿童期受到了传染病和营养不良的影响。过去，智人运用聪明才智发展技术，改变其生存环境。如今，改变了的环境却危及人们的健康，并且这种改变已经超出人们的生理承受能力。在这样的环境中，人们虽依然能够繁育后代，但是为这种错位所付出的代价却越来越高。

随着定居点的发展，出现了有组织的管理机构以及制度化的宗教仪式。西方的婚礼制度（即使不一定是一夫一妻制）很可能就出现在这一时期。

自此开始，世界各地的城镇人口持续增长。仅欧洲而言，从公元 10 世纪到 14 世纪中期，黑死病暴发前，欧洲人口从 3 000 万增长到大约 7 000 万——黑死病暴发后，人口急剧下降约 25%。令人惊讶的是，简单的技术创新就能促使人口快速增长。例如，从 11 世纪开始，农作物种植和轮作制度普遍从"两地"变成了"三地"。也就是说，过去，人们将可以耕种的土地分为两块，一半用于种植农作物，而另一半作为休耕地，一年后再恢复耕种。而那时，人们每次只留下三分之一的土地作为休耕地。过去，每年只有一半的土地生产农作物，此时却增加到了三分之二。显然，这是一个巨大的进步，也导致了对劳动力和专业性行业（例如金属工匠和木匠）的需求激增。由于急需铁制的农具，采矿业重要性日益突出。

这一时期，很多人的生活条件和工作条件非常艰苦。11 世纪，大约有 10%—30% 的劳动力是奴隶，他们当然渴望自由。随着封建制度的出现，很多奴隶离开原来居住的地区，到别处开拓新的村落，成为农奴，作为契约工工作或向他们的雇主交纳什一税。然而我们不确定他们的工作条件是否有所改善。很多农奴愿意到城市生活，因为在那里他们第一次得到真正意义上的工资和合法的地位。有句古谚语概括了当时农奴们的心情——"城镇的空气使我们感觉到自由"。我们对他们呼吸的空气的质量和他们身处的环境了解甚少，用今天的标准来衡量，那里或许是恐怖的贫民窟。然而，在中世纪，土地持续扩张，人口不断地迁居到乡镇和城市中。据历史资料记载，当时人们已建立起销售某种专门产品的市场，同时还建有教堂、行会会馆、监狱，甚至还有医院。那些市区，尤其是在集市日，其拥挤程度不亚于现如今那些车水马龙的都市。

艰 难 时 世

查尔斯·狄更斯（Charles Dickens）于 1854 年创作了小说《艰难时世》（*Hard Times*）。他把故事背景设置在一个虚构的、维多利亚时代的工业城镇"焦煤镇"（Coketown）。在那里，从工人们小屋的烟囱中冒出滚滚的黑烟，烟尘布满鹅卵石铺成的街道，仅有的几棵树也没有使烟尘减轻。事实上，把那时简陋的住宅叫作"小屋（cottages）"似乎贴切地反映了当时的民生状况，如今的房地产商也许会为今天人们居住状况的改善而感到自豪。当时，大多数家庭并不是住在独栋房子里，而是住在其中的一两个房间里，与其他家庭共用一个院子。这些工人把家从农村搬到了城市，一方面是由于农业生产状况差，契约工生活窘迫，另一方面是由于他们确实认为城市的生活会更好。

当时，一个家庭里有 10 个孩子是很正常的事情，这意味着工人阶级家庭的孩子们一旦具备了能力就必须出去工作，通常是 8 岁左右。只有当义务教育推行时，家庭规模才开始变小，这削弱了人们生很多孩子的经济动机。生活空间拥挤、卫生状况差、空气受到污染等因素导致了传染病的不断暴发。孩子对能量的需求高，但是他们的饮食很差，卡路里的日平均摄入量仅为 2 200 卡，其中大多数的能量来自劣质的面包和动物脂肪。瘦肉、蔬菜和水果在每日的饮食中很少见——这与古罗马的情况一样。幼童和婴儿的死亡率都很高，人们的平均寿命在 30—35 岁之间。

那些在被殖民前一直是原始社会的地区，其中的狩猎采集者、畜牧者或自给农民，他们的生活方式又如何呢？当他们的居住地被殖民者侵占时，他们的生活突然被打乱。事实表明，他们与殖民者的首次接触是灾难性的，欧洲的传染病，例如麻疹和天花，夺去了很多当地人的生命。更大一些的原始帝国，例如阿兹特克帝国，不是被疾病毁掉，也会土崩瓦解于枪炮和铁骑带来的军事侵略之下。这些种族面临的环境变化十分迅速而且造成了悲剧性的后果。从南非的狩猎采集者布须曼人到社会高度结构化的安第斯人，都已经适应了在稳定的社会环境和自然环境中生活，此时不得不频繁面对营养不良、传染病、抢夺等威胁，并陷入沦落为奴以及被迫远走他乡的境地。有些种族的精神信仰在时间和空间上仍与他们的土地紧密关联，例如澳大利亚土著人和毛利人，此时发现自己已逐渐失去身份认同。在本书中，要详述这些种族面临的环境和情感上的剧变是不可能也是不恰当的。这些被殖民者经历的环境变化，欧洲人经过 100 代到 200 代人的发展才得以适应，而殖民地人民只用了 5 代人或少于 5 代人的时间。因而，他们在生理上的调整机会变得很小，很多后世社会仍在为此付出代价。

近 代

18 世纪中期，大多数欧洲人民生活在水深火热之中。塞缪尔·约翰逊（Samuel Johnson）写道："很多人抱怨生活痛苦不堪，不得不承认我们确实经历了灾难。不论是好人、坏人，勤劳的人、懒惰的人、警觉的人或者心不在焉的人都同样受到了这场灾难的影响。"1759 年，愤世嫉俗者的典型代表伏尔泰（Voltaire）在他的小说中讽刺了庞格罗斯博士（Dr Pangloss）这个虚构的人物，批判了庞格罗斯博士所谓的"世间诸事的安排都是合理的，一切都和谐完美"的论调。

那时的欧洲动荡不安。8.9 级的里斯本大地震以及随后发生的 3 次 13 米高的海啸巨浪带来了毁灭性的后果——3 万至 7 万人在灾难中丧生。很多人是在 1755 年的万圣节当天去教堂时遇难的。这场灾难的发生似乎引起了对"仁慈的神眷顾人类，他会照顾我们"这种观念的质疑。世界自此发生巨变——启蒙运动的新观念不仅对宗教产生影响，对科学和社会结构也产生了影响。从那时起，世界加速向前发展，变化越来越快，越来越多的人不再听天由命，也不再向上帝赎罪，他们原以为这样会改变命运。

18 世纪后期，启蒙运动逐渐在欧洲传播开来。美国和法国的大革命成为政治变革的推动力，民主议会制度在整个欧洲逐渐兴起，个人权利和自由的观念深入人心。随着基督教在制度上逐渐简化，并且在形式上更以个人为中心，宗教的发展呈多元化。不可知论和唯理论为更多的人所接受，注重逻辑分析的科学方法和思想日益得到发展。人们的文化程度不断提高，报纸和书籍通过传播知识对人性解放起到了助推作用，尤其是那些来自异国他乡的信息，使越来越多的人意识到世界之大。

19 世纪中期，人们开始关注工业化城市日益恶劣的环境，这毕竟是科学和技术迅猛发展的一段时期。其他很多学科在这一时期也开始发展起来，例如人类学、社会学、心理学。在城市中，劳动者日夜劳作，生产出人们赖以生存的产品，因此，人们开始关注城市居民的生存环境。

其中，一些棉花和羊毛制造厂的企业主开始关心工人们的境况。他们试图为工人们提供基础教育和卫生保健，限制他们喝杜松子酒（这是工人们最简单的解闷方式），建造小教堂使他们缓解心灵重压。到 19 世纪中期，某些城市（例如格拉斯哥）开始强调改善公众健康。1863 年，威廉·盖尔德纳爵士（Sir William Gairdner，1829—1887）被任命为格拉斯哥的卫生干事。他改造了城市的卫生系统，并对居住在同一屋子中的人数进行限制。成立于 1866 年的格拉斯哥改良信托局（the Glasgow City Improvement Trust）承诺要清理陋巷，扩宽街道。所有这些都在推动事态往好的方向发展。但不是所有的地方都能进行这样的改变，而且这些改变也曾招致批评。

政府也逐渐意识到他们的责任，工会在推动这种变化的过程中起到了至关重要的作用。经过了两次世界大战——其间经历了一次经济萧条，这段时期工人的生活相当困苦——这种意识达到了顶点。20 世纪中期，福利制度在西方各个民主国家建立起来，政府也强调为不同家庭出身的儿童提供平等的教育机会。他们使更多人享受到了卫生保健（在多数情况下都是免费的），并努力改善民众营养状况，例如为学童提供免费牛奶。战后，在一些社会中，儿童的发育和健康在 30 年内有了极大改善。

儿童期的发育状况以及成年后的身高是社会条件尤其是营养状况良好与否的一个标志。19 世纪中期，工人阶级的成年男性的平均身高要比中产阶级和权贵阶层成年男性的平均身高低 13 厘米左右——这种差别现在已经消失了。20 世纪，工业化国家的国民身高增长很快。例如，荷兰的年轻男性的平均身高从 1900 年的 168 厘米增长到 1997 年的 184 厘米。直到近几年，在诸如瑞典和荷兰这样的国家中这种增长才有所减缓。

观察发现，20 世纪早期，从欧洲比较贫困的地区（例如意大利南部）移居到美国的儿童，他们的发育发生了明显变化。这些孩子成年后比他们的父母高很多，这反映出当时北美与他们的父辈生活所在的欧洲在营养和卫生保健方面存在着显著差异。如今，当人们从发展中国家移居到发达国家时，我们仍然会看到这种和发育有关的巨大差异。

更 加 健 康

医学发展的初期与宗教信仰的发展有很大关系。治病的神灵成为原始医药的关键之一，而他们的祭司则是原始医药的提供者。信仰和治愈病人联系在了一起，很久之后，医学才有了科学基础。尽管如此，我们可以假定旧石器时代的人类把各种各样的植物当作药物来使用，其中很多药物在经过反复试验后被发现可能具有某种功效。他们有一部内容丰富的关于天然药物的宝典，可以从中选择药物。例如，柳树皮中含有水杨酸（salicylic acid），是阿司匹林中的一种有效成分，很多年来，欧洲人用它来减缓疼痛或退烧。罂粟种子的提取物中含有鸦片，把它作为一种镇痛剂来使用也有很长一段历史了。产自南美洲的金鸡纳树的树皮中含有奎宁，美洲原住民将它用于松弛肌肉。很长时间以后，它才作为一种有效的抗疟药投入临床应用。很多这样的药物已经经历了数代的传承，并在很多社会中构成了"传统"药学的基础。有野外观察资料表明，甚至是黑猩猩也会把各种植物当作药物来使用。

现代医学和公共卫生的发展对人类的健康和寿命产生了巨大的影响。我们现在已经攻克了很多传染疾病，如肺结核和小儿麻痹症，20 世纪早期，这些传染病夺去了很多人的生命。1943 年，在链霉素被发现以前，英国每年都有 2.5 万多人死于肺结核。1955 年，当有效的脊髓灰质炎疫苗被研制出来并广泛使用时，设有"铁肺"（iron lung）的医院病房中，大量小儿麻痹症患者几乎一夜之间就出院了。过去几十年间，许多国家国民的平均寿命有了显著提高。如今，我们对癌症也有了更好的早期诊断手段，同时癌症的治疗方法发展得也很迅速，除了更好的靶标抗癌药物和放射疗法（targeted chemo-and radiotherapy），人们还研制出某种形式的抗癌疫苗。尽管流行性传染病依然严重威胁着人类，但我们会有更好的抗病毒药物，并能够快速地生产对抗新病毒变种的有效疫苗。

很多流行病学的例子向人们昭示了日常生活的环境状况对人们身心健康的重要性。维多利亚时期，在英国的布店比在杂货店里得肺结核的危险性更大，这可能是由于布店的门一直紧闭，店家习惯用放在墙壁凹进处的煤气灯照亮货物。随着对城市环境的治理，慢性呼吸道传染病已减少，而这些传染病在 50 年前会给人们造成巨大的痛苦。

随着供水和环境卫生的逐步改善，得急性肠道传染病的人也越来越少。然而霍乱、伤寒、痢疾都曾是纽约、伦敦以及其他很多首都城市的地方病。现在，我们把这些疾病看作"热带地区的疾病"。这同样适用于由寄生物、蚊子、扁虱、跳蚤以及虱子传播的疾病。1897 年，罗纳德·罗斯爵士（Sir Ronald Ross）发现疟疾是通过蚊子传播的，从那时起到现在，我们在治疗和预防疟疾方面已经取得了长足进步。尽管如此，疟疾仍然困扰着世界上3亿的人口，每年有100多万人死于此病。加入杜松子酒中的奎宁以及令人精神振奋的烈酒，在一定程度上预防了由疟疾寄生物引起的症状。而现在，我们与这种疾病斗争的历史已进入了一个新的篇章。

医学上的进步大大延长了发达国家和很多发展中国家人们的寿命。同时，对生育的控制以及对家庭规模的预期也已经发生了改变。这又同时导致了很多社会在年龄结构上的变化。甚至在100年前，没有多少人能高寿而终，而如今，60岁以上的人口比率有了显著提高，因此年龄金字塔的形状也已经有所改变。社会结构正在从年轻化转变成老龄化，社会保障问题以及谁应该赡养谁的问题都变得迫在眉睫。

生 育 革 命

这本书主要阐述了进化、发育以及适应的生物学过程。由于生育在进化过程中起主要作用，我们有必要考察一下历史上生育行为是如何发生改变的。经常有这样一种说法，妇女们为第一次世界大战和第二次世界大战贡献了力量，她们在其中所起的作用助推了妇女解放运动的蓬勃开展。第一次世界大战后，妇女获得了普选权，其社会地位也有所提高。纵观20世纪，男女平权一直是永恒不变的主题，虽然这在很多西方国家中也并没有完全实现。第二次世界大战后，围绕着就业权和控制生育权的问题，女权主义浪潮再次兴起，而控制生育权的问题尤为突出。

各种形式的避孕方法已经存在了几个世纪。其中一些避孕方式的功效相当不可靠，安全性就更不必说了，而流产这种方式对女性来说也不是没有风险。杀婴很可能是狩猎采集者家庭中的常事，直到近代，在有些社会中这种情况依然存在。在这样的社会中，一个接一个地生孩子是不切实际的——母亲和她的其他几个孩子们都会利益受损。

避孕药的出现改变了一切，这种方式非常有效、安全，或者看起来似乎安全、有效，最重要的是它是由女性来控制的。对于女性来说，避孕药是切实有效的，她们根据择偶需求，自己的年龄、事业，以及其他需要考虑的因素来掌握怀孕的时机。在某种程度上，这导致了全球平均的家庭规模从每个女性生 4.9 个孩子下降到 2.8 个。在发达国家，这一数字已下降到两个以下。与此同时，女性首次怀孕的平均年龄增大，英国女性生育第一个孩子的平均年龄已经从 1971 年的 23.7 岁上升到 2004 年的 27.1 岁，超过 1/4 的女性在 35 岁前没有生过孩子。为了自己，我们发展出了高度制度化的社会，受孕过程和孩子的出生是当今高度制度化的社会的一个组成部分。

生育技术这门科学并没有止步于避孕方法的发展。试管婴儿（in vitro fertilization）以及更精密的技术，例如卵胞浆内单精子注射（ICSI），为之前不能生育的夫妻提供了解决之道。卵胞浆内单精子注射技术，是在显微镜下直接把精子注射到卵子中，并在试管胚胎被植入前对其进行遗传学诊断。这是一项先进的辅助生育技术。如今，人类在这方面的文化进步把生育行为与达尔文的生物适切性截然分开。我们已经掌握了延长和维持生命的医学方法，通过这些技术，我们同样能使具有或不具有生育能力的夫妻在发育期后的任何年龄怀孕。2005 年，一位退休的罗马尼亚教授在 66 岁时产下一子。

转　　变

　　有必要在这里简要地说明一下人类历史上的一些关键时刻。我们集中谈谈几次主要的转变。第一次转变开始于大约 5 万年前的旧石器时代中期，那时我们的祖先正努力成为有技术能力、会思考、有文化、能够用语言交流的人类。第二次转变是人们从狩猎采集时代进入始于大约 1 万年前的农业和定居者时代。这样的状况持续下去，逐步出现了复杂的权力等级制度。同时城市、国家和帝国也都逐渐发展起来，这使社会阶级状况、人们的健康情况以及应用于人类生活各个方面的技术都发生了巨大的改变。开始于大约 250 年前的农业和工业技术革命是第三次转变。几乎与之同时发生的第四次转变则源于启蒙运动以及人们对保护生存环境的重要性的深入认识。某种程度而言，这一历程一直延续到 20 世纪。最后，我们进入到信息快速传播、高度网络化的社会。这种社会以知识为驱动力。我们不能忽略这次发生于最近的转变。

　　这些转变中的每一个阶段都引起了由人类推动的、规模不小的环境变化，人类不得不面对这样的环境变化。从旧石器时代至今，这些环境变化产生的影响已经给我们的适应能力造成了越来越大的压力，我们身体的基本结构和大多数的生理机能由选择压力（这种选择压力从很久以前就存在）所决定，而这也决定着我们能否与现在的生活方式相匹配。

　　对于人类所面临的环境变化，我们很难将其各个方面割裂开来、分而论之，因为包含其中的营养状况的变化、社会的转变等因素是错综交织的。但是，为了突出其中的特殊方面，我们将在下一节中对环境变化的各个方面分别展开讨论。

营养和工作方式的转变

食物是我们唯一的能量来源，我们能通过多种途径消耗能量。我们的能量总量中逾七成被用来维持身体的正常运转。举例来说，成年人的大脑消耗掉的能量占其能量消耗总量的 20%（而大脑重量只占体重的不到 5%），新生儿的大脑消耗掉的能量更是占能量消耗总量的 60%。修复机体也要消耗不少的能量。正如我们在前面论述的那样，衰老的一个主要原理是身体限制了其投入到修复上的能量，而把能量投入到身体的发育和繁殖上。消耗能量的另一种途径是体力劳动和锻炼。通常，这种能量消耗占我们日能量消耗总量的 20%—30%，参加剧烈运动的人们会消耗更多的能量。生长、生育和哺乳都是能量消耗的额外形式和特殊形式，被吸收的营养物质被投入到新组织的生长中，或者转移到胎儿和婴儿体内使其能够继续发育。

总而言之，我们通过进食产生能量，然后又通过生长、机体运行、生育以及锻炼等把产生的能量消耗掉。多余的能量，主要以脂肪的形式被储存了起来。对于不同的食物来说，其产生能量的潜能是不同的，脂肪是高能量储备，而碳水化合物和蛋白质则是较低的能量储备。消化、吸收以及新陈代谢这些过程本身也会消耗掉能量。营养学在很大程度上就是研究特定食物在特定情况下如何影响能量平衡的科学。

在人们改造世界的过程中，这种能量平衡也发生了巨大的变化。旧石器时代的食物蛋白质含量高、碳水化合物含量低，并且食物中的脂肪种类与现在也不同。随着农业的发展，人们的劳动负荷开始增加，饮食也开始发生变化。定居使得很多人开始依赖其他人，他们不再直接控制自己的食物供应，而是不得不从其他人那里购买或换取食物。干旱会引起周期性的饥荒，因此农业导致了食物供应的保障性降低。

　　与机耕有关的工业食品的生产、包装和分配带来了农业上的第二次转变。这种转变也对"食物-能量平衡"产生了巨大的影响。20 世纪，食品不仅营养更丰富了，口味也更好了。高精糖被添加到食物中，它们的能量净值比传统的碳水化合物要高得多。传统的碳水化合物消化起来更慢，且需要消耗能量。饲养的动物作为一种食物供给更频繁地进入人们的餐桌，随后人们开始食用更高脂肪的食物。饲养的动物通常要比其野生的同类更肥，原因有两个：其一，它们在获取食物的过程中消耗的能量较少；其二，在经济利益的驱动下，农户们想方设法使动物的体重（通常是以脂肪的形式）快速增加。肥肉吃起来也更香，因此在日本，带有脂肪的五花牛肉很贵。快餐店的发展以及媒体对食物流行风向的影响（通常不是鼓励均衡的营养）已经成为一辆失控的列车。毫无疑问，现在食物的质量已经与我们在进化过程中的绝大部分时期所食用的食物品质大不相同了。

　　在发达国家，这种变化愈加快速。而在发展中国家，变化之快更是令人意想不到，"营养转变"似乎是瞬间发生的。仅仅在 60 到 90 年前，那里的人们仍在食用工业革命前仅能维持生命所需要的农业食品，甚至是靠狩猎采集获取食物。现在，这些人们接触到越来越多的西式饮食。糖尿病在诸如印度等一些国家已是常见病，快速的营养转变是主要致病因素之一。有证据表明，甚至是在营养水平通常较低的撒哈拉以南的非洲地区，城市里肥胖症的患者也变得更多了，贫穷的农村地区并没有出现这样的情况。诸如糖尿病等"富贵病"的发生率正在不断攀升。

而我们的能量等式的另一端也正在发生着同样或更大的变化。如果我们消耗掉的能量比我们吸收的能量少，多余的能量就会以脂肪的形式被储存起来。在传统社会中，大多数人都会参与食物采集，这样做就会消耗能量——狩猎者、畜牧者以及手工农业者就是如此。随着乡镇和城市的发展，在社会阶层中占支配地位的人通常不参加重体力劳动。但是，这样的人并不多，大多数人的能量消耗很可能仍然很高，也许他们的状况与狩猎采集者没什么两样，甚至比他们更加恶劣。

与大众看法正好相反，狩猎采集者虽然在白天消耗了较多能量，但他们很可能并没有把大量的时间花在狩猎或采集的活动上，而是花在了社交上。然而，随着工业革命的到来，出现了各种各样的"节能"技术——从机械犁到机车。在短短约200年中，很多人的能量消耗急剧下降，我们为养家糊口而消耗的能量锐减至有史以来最低。如今，我们还可以通过网购，让商家送货上门。

汽车的发展与普及意味着人们消耗的人体能量又减少了。尽管如此，地球上的能源消耗一直处于大量增长阶段。显然，在过去的30年中，儿童肥胖症的高发与以下两个因素有关：第一，越来越多的人用开车取代了步行；第二，越来越多的人在闲暇时间里看电视、看手机，而不像以前那样经常参加体育活动。甚至在像印度这样的国家里，在那些不再走路或骑车上学的孩子中，儿童肥胖症已并非罕见。

社 会 的 转 变

事实上，我们只能推测旧石器时代人类所处的社会环境。在定居点发展之前，人类生活所在的每个群体可能只有 20—50 人。群体与群体之间偶尔才会有所接触，这也许是出于贸易的原因，也极有可能是为了避免近亲繁殖。这些社会群体应该是大家庭群体，而这也一直是我们人类取得成功的重要因素之一。举例来说，有证据表明，在外祖母与孩子、孩子的母亲生活在一起的家庭中，孩子的存活率更高。因为外祖母能够帮助照顾孩子、做饭、给孩子喂食，还能向孩子的母亲传授一些基本的育儿技能。

随着定居点的发展，更多的人有了相互交流的机会。生活在城市里的人开始与成百上千个人产生联系。起初人们生活在一个小小的部落里，个人角色和人际关系一目了然，权力等级制度也十分简单。后来，人类生活在复杂的、网络化的社会结构中，在这样的社会里，角色被进一步划分、分类，同时出现了错综复杂的权力和管理等级制度。近代以来，随着核心家庭的出现，人们脱离社会支持网络（social support network）而独立的风险增长了，越来越多的人在令人困惑的复杂规则和决策过程面前茫然失措。

在旧石器时代，人类社会少有技术更新。而在新石器时代，起初技术发展也很慢，但是随着人们知识网络的拓展以及定居点组织化程度的提升，技术迭代开始加快。在古代的希腊、埃及、波斯、中国以及随后的中美洲，数学、哲学和工程学有了巨大进步。欧洲文艺复兴后期的科学革命推动了科学和技术的飞跃式发展，这让人不禁想起伽利略、哥白尼、牛顿、莱布尼茨。19 世纪，为适应工业革命的技术需求，科学发展进一步提速。纵观 20 世纪，我们看到，技术的复杂性和技术的应用呈指数级增长，这对我们的生活产生了直接的影响。在过去 50 年中，我们见证了喷气式飞机、火箭、计算机、互联网、电视、信用卡、传真机、微波炉等的问世。其中每一项新发明都需要我们去适应。

我们有多大能力能适应一批接着一批的新技术呢？这是个严肃的问题。乍一看我们似乎能够成功应对，但是想一下本书两位作者互相联系所需时间的变化吧。50 年前，我们之间的信件往来需要12 周。随后，航空信把往来时间缩短到两周。而后，只需要几分钟就可以把一个长文件传真到对方的手中。再后来，电子邮件的应用使我们几乎能即时接收到对方发送的整本书稿。如今，商业组织研究者认识到，电子邮件造成了一种即时反应需求，这种即时反应给雇员们带来了巨大的压力。

人类世界中的错位

人类与其他所有物种的区别在于：我们在不断地改造（通常是有目的地）自己所处的自然环境和社会环境。我们以特有的思考能力、交际能力以及筹划能力，应用技术扩大我们居住的地域范围。当我们结束游牧生活时，我们开始利用技术来增加在特定的、稳定的环境中的人口密度。随着技术发展，这种变化更是倍道而进。

纵观人类历史，作为一个物种，我们运用聪明才智和创造力，通过辛勤工作改善了自身的生存条件。温暖比寒冷好，饱足比饥饿好，今天死于疾病不如多活一年，走好几公里的路去采集几个坚果和浆果，不如悠闲地走到冰箱前准备一份三明治。今天的生活确实比过去要好得多，除非是最愤世嫉俗的人才会否认这个事实。自从我们走出非洲，为了我们自己、为了家人和朋友甚至是我们所在的特定的社会（如果你愿意，把它叫作部落也可以），我们已经极大地改善了人类的生存条件。

因此，我们设计出一套复杂的体系来种植食物、分配食物以及生产我们所喜欢的食品，并通过技术来减少人们每天的体力劳动量。为了应对新环境，我们发展了一套复杂的经济体系，从中人们可以购买到适应新环境所必需的物资。我们还完善了疾病的预防和治疗措施，促进了社会结构的发展，使群体中残弱者的生命得到延续。我们探索生育技术，致力于使每个有生育意愿的人都能生育。如今，在这个更加洁净、更加安全的世界里，大多数人的寿命比前人有所增长，我们还有闲暇时间享受生活。但是，人类对环境的影响越来越显而易见。当波利尼西亚群岛随着海平面的上升消失时，当极地冰帽融化、冰川后退时，我们才会真正地反思我们是如何改变环境的。

通过技术，我们所做的每一次"改进"都进一步改变了我们不得不去面对的环境。我们已经改变了自身的营养环境、健康环境和社会环境，我们的寿命得到延长。随着这种变化愈加深入、快速，我们不得不提出这样的问题——我们正在创造的环境是否超越了我们的生理极限？结果会如何？这个问题得到了广泛关注，因为我们在生理上有两个方面从未发生过变化。这就是我们每个人都有的两段历史——我们的进化历史和个人的发育历史。我们在第二章和第三章中探讨过这两段历史。人类努力使自身在生理上与生存环境相匹配，如果我们没有尽力去与环境相匹配，作为一个物种就不会存活到今天。但是，如今我们自己已经改变了环境，改变了环境的很多方面，而且改变的速度非常之快。当把灌溉系统引入卡努里人传统的农耕作业中时，他们也被迫面临许多健康和社会问题。也许世界上的很多人都会面临这样的问题，只是表现形式不同而已，但同样不可轻视。我们努力使事情往好的方向发展，而我们已经与我们的环境越来越不匹配了。情况会是这样的吗？

第五章
过往制约了我们

时　间　观

历史学和生物学采取的不是同一把时间标尺。进化生物学家从数万年（如果不是数百万年）的角度来考虑问题，考古学家从数千年的角度来考虑问题，遗传学家从几代人的角度来考虑问题，而医生和传记作家则从人的一生的角度来考虑问题。错位范例告诉我们，我们无法无视进化和发育的生物学历史，它一直提醒着我们，进化和发育所发生的环境可能与我们现在所处的环境截然不同。

当人类这一物种完成进化并散布至各地，我们的基因库形成了。我们的祖先面临着各种各样来自自然环境的挑战，以及他们自身对这些环境施加的影响。这些因素又反过来影响着他们的食物来源、与疾病的接触以及社会分工和社会结构。当我们的母亲还是一个胚胎时，我们的人生之旅便开始了。这时她仍在我们外祖母的子宫内，那个孕育出我们的卵子在她正在发育的卵巢中已然成形。我们已经发现那颗发育成我们母亲的卵子在受精之时所处的环境将对我们产生何种影响。我们的母亲长大后又孕育了我们，并为我们创造生长环境。在我们出生以后，很多其他因素也会对我们的生理产生了影响。这些来自我们过去生活的环境信息，制约了我们现在的生理状况。

我们都希望能随心所欲，但是最终我们意识到这并不现实，我们受到了各种制约。事实上，每个人都会在经济方面受到极大的限制，这种限制阻止了我们实现美梦，例如买一座岛屿或拥有一架私人喷气式飞机。而社会因素制约着我们的行为，我们的性道德由我们所在的社会所决定，我们的家人、朋友、工作以及社会结构限制了我们的情感和其他一些方面。生物学上同样存在制约，这种制约使我们无法长生不老，我们清楚地知道这一点，但是仍缺乏对它的深刻理解。正如我们继承了来自经济和社会的机遇与制约一样，正是我们的种种过往——进化和遗传、发育和表观遗传、环境、文化，为我们的发育创造了挑战，制约了我们健康生活的方式。我们已经在前面 3 个章节中指出了这些制约的存在。在探讨这本书的第二个部分——错位是如何影响我们的生活的——之前，我们将详细阐述这些制约，并总结一些观点。出于方便，我们把这些制约因素分开讨论，但现实中它们像一根绳子的几股纤维一样交织在一起。

第一股：进化的制约

为了使生物与它所在的环境相匹配，进化开始了。进化始于对具有生殖和生存优势的特点进行选择。基因库的变异是进化过程的关键，突变过程又推动了基因库的发展。但是，选择什么样的变异是受到限制的，有些基因变化会妨碍生物基本的身体活动，甚至会威胁其生命。还有很多其他的突变产生的影响具有隐蔽性，难以观察到，尽管我们或许可以在另一种环境中发现这种突变的影响。任何一种基因变化产生的效果都可能会受到生物体结构特点的限制。

控制其他基因表达的基因可能也会发生变异。这可以帮助我们理解一个基因中发生的变化是如何在生物体的身体结构、功能以及行为方面引起一系列连锁变化的。

通过研究，我们逐渐认识到，选择的存在是为了使生物具备适应环境变化而改变其某一特点的能力，而非为了改变生物的特点本身。举个例子，虽然所有的鱼都是从大约 4 亿年前一个共同的祖先进化而来，但是有些鱼适合生活在咸水中，而有些鱼适合生活在淡水中。所有的鱼都必须不断保持它们内在结构的稳定，否则就会死去。因此，生活在海水中的鱼与那些生活在淡水中的鱼具有截然不同的水盐平衡点。但是与其他鱼相比，有些鱼能适应更大范围的盐浓度变化，如某种大马哈鱼和鳗鱼能从淡水迁徙到咸水中，还能从咸水再迁徙回来。这些鱼与那些只能在咸水或只能在淡水中生活的鱼相比，具有在更大范围内调控水盐平衡的能力。它们一定是通过对这种能力的选择来实现进化的。经过这些过程，所有物种开始与环境相匹配。对于某些物种如特化物种来说，其可以适应的环境范围极其有限，而对于其他一些物种如泛化物种来说，这一范围要更大一些。

通过漫长的进化，人类已经形成了某些特定的特征，其中包括较大的脑部，强大的计划能力、交际能力以及使用技术的能力。由于我们具有改变环境的能力，我们最终成为了泛化物种。但是即便如此，我们的适应范围还是很有限的，这些限制是在我们的进化过程中确立起来的，而我们为自己不断创造的环境却是千差万别的。如果我们生活在夏威夷，拥有装满一个衣橱的夏季衣服是一件再好不过的事情；而如果我们生活在安克雷奇（Anchorage），这样一堆衣服就相当令人头疼。选择也是这样——它为我们提供了全套服装，使我们能在各种各样的环境中生活、繁衍后代。但是，在不同的时间、不同的环境下要选择不同的"衣服"。

因此，人类的特点是：与其他任何一个物种相比，他们具有更强的控制环境的能力。随着技术大爆炸，这种能力逐渐增强，核时代和电子时代的到来更是极大地增强了人类这种控制环境的能力。环境越来越受到人类的控制，因而通过进化选择对客观环境做出回应显得越来越不必要。人类物种不必再改变其基因库以适应环境，而是开始改变环境使其与他们的基因库相匹配——我们不必再依赖我们生理上的内在的"衣服"来使我们的生活与环境相匹配，我们开始购物，去买新的外在的"衣服"。这并不意味着进化过程不再存在，只是购物成为一种更好的方式。

人类进化的潜在性依然存在。人类基因组的分子研究表明，在过去的一万年中，某些基因的 DNA 序列的确发生了改变，并且，其中有些发生改变的基因与营养和新陈代谢有关。但是，如果说这种变化体现了自然选择的作用，那也是由狩猎采集时代到农业定居时代的生活方式的转变所致，而不是源于近代以来的世事变迁。晚近以来，那些曾经在人类中引发自然选择的生存压力确实得到了缓解。

如今，没有几个人类群体能真正做到与世隔绝。一般来说，我们会通过改造环境来应对环境中的变化——从宇航员的服装到住房，到医疗技术和药物，甚至到食品援助，这些都是我们用来改造外界环境的手段。我们利用辅助生殖技术让大多数想生育的人得以圆梦，极大地改变了生育适切性。人类进化依旧在进行，但人为干预在很多方面抑制了它的发展。在我们应对疫情的反应中，选择压力几乎与过去同样重要。这些选择压力只是被某种程度地修改了——医学治疗能够使那些本来会死去的人们存活下来。就我们所知，谁能在下一次大范围的流行病爆发中存活下来，很大程度上是由基因所决定的，艾滋病的情况就是如此。如果病毒的影响力大到使大批年轻人或处于生育年龄的人丧生，流行病就会改变基因库——进化就开始了。在那些新挑战（如"核冬天"或者全球变暖）中，可能只有某些具有恰当表型的人才能存活下来。

确实有证据表明，我们与传染病抗争的能力已经塑造了人类基因库的进化方式。镰状细胞贫血症是由血红蛋白中的基因变异引起的一种疾病。血红蛋白是我们血红细胞中携带氧气的蛋白质，如果一个人有两个异常的血红蛋白基因副本，这两个副本会使其血红细胞出现重大问题，人们会罹患严重的贫血症并受到相关并发症的影响。然而奇怪的是，如果一个人只有一个异常的血红蛋白基因副本，他就会对疟疾具有更强的抵抗力。有人认为产生这种现象的原因在于，在疟疾肆虐的撒哈拉以南地区，人们的基因库中经常会发生引起镰状细胞特性的突变，大约 8% 的非洲裔美国人携带一个异常基因副本，他们是镰状细胞病的携带者。

因此，与人们认为的不同，人类的进化并没有终结。但是，决定我们可以预见的未来的，是我们将如何管理环境而不是我们基因库的变化。这从根本上决定了我们目前所面对的一切。

第二股：设计的制约

获得发育可塑性的工具是我们进化遗传的一部分，这些工具使我们调整发育轨迹以及形成于生命早期阶段的生活史策略。显然，要成功地生活在这个星球上就必须具备这种能力，而且很多生物

（从单细胞的到最复杂的）确实具有"可塑工具箱"。描述这种特殊"工具箱"的重要性以及我们如何运用与其有关的知识以便在将来具有优势，是本书创作的主要动机。

发育可塑性使我们能够适应的环境范围得以扩大，它主要由传感器（sensor）和应答器（responder）两部分构成。这就像用警用雷达检测超速驾驶行为。当我们经过传感器时，警察就会检测出驾驶的速度，随后他向应答器发出信息说："开罚单！"应答器可能就是当地的警局，那里会开出一张超速罚单并寄出去；甚至还有一种可能——另一名警察驾驶摩托车沿路追上我们。我们的环境传感器会以多种方式发挥作用，因为发育可塑性与环境中所有可能影响到生存和繁育成功的因素有关。这些因素包括：对食物的竞争、来自其他物种的捕食者的威胁、物种内部为争夺食物和性伴侣而发生的冲突，等等。我们的生态应答器的运作机制也非常复杂，正如人们对速度探测器与烟雾探测器做出的反应是截然不同的，应答器如何运行取决于由传感器所评估的系统。生物学上的应答系统构造更加复杂，它所产生的应答能够立即见效，也能在个体生命后期发挥作用。

但是，发育可塑性有一个特殊且重要的特点——对于大多数器官来说，发育可塑性基本上是不可逆转的，一旦我们选择了一种路径就不能再改变，这是一种非常重要的制约。举例来说，肾单位——肾元的数量在胚胎期就确定了，其数量受到母体的营养因素与潜在的激素因素的影响。如果肾脏在个体生命后期出现损坏，其中每一个肾元都有可能尽力增强其功能，然而新的肾元不会再形成了。再比方说，大脑这一器官是由某些部分构成的，这些部分一定会不可逆地受到发育可塑性以及其他相对易变的因素的影响。大部分脑细胞的位置和数量在胎儿期已经确定，但是形成的神经元数量却比实际运用到的要多。很多神经元死亡了，其他那些存活下来的神经元则凭借它们在神经网络中的连通性和活跃性而发挥作用。如果在生命初期的 3—6 周这个关键期内，把小猫仔的一只眼睛遮起来，使其在发育过程中缺乏对视觉路径的刺激。小猫的大脑连通模式会就此改变，并且永久性只有单眼视力——这一发现使大卫·休伯（David Hubel）和托斯登·威塞尔（Torsten Weisel）获得了 1981 年的诺贝尔生理学或医学奖。与之不同的是，学习的可塑力在某种程度上能够持续一生，尽管生物体在生命早期具有更强的学习能力。与年轻人相比，中年人学习弹钢琴或学习一门新的语言要慢得多，然而即便是年龄更大一些的人也多少能学会一些技能。

生物可以通过改变结构或功能，或者既改变结构又改变功能来调节发育可塑性，而这些改变又依赖于由环境诱导的 DNA 表观遗传修饰，从而使基因表达发生改变。此外还有更多的制约因素。但无论生物体做出何种与环境有关的发育回应，这种回应所引起的变化必须是使其能够独立生存的。一条蝌蚪既能发育出一条短尾巴也可能长出一条长尾巴，然而不论是短尾巴还是长尾巴，都必须使它能够游动和进食，能够与将来变成一只青蛙相适应。让生物存活的需要构成了一种重要的设计制约。

发育过程中的另一重约束制约是，应答何时被诱导发生。假如你正在建造一座房子，当你安置好房顶，你不能再回到当初，也不能再改变地基的形状。而且只有在墙体都建成后你才能安置房顶——因为房屋的建造是有一定顺序的，基本顺序不能做很大变动。事情的先后顺序在发育过程中也很重要——四肢一旦形成了就不能再被重新塑造，手基本形成后手指才能开始发育，等等。正如当墙体和天花板都各就其位，要重新改造一座房屋的地基就要付出巨大的成本一样，要在各个方面重新获得无限的可塑性能力，也需要在生理上付出相当大的代价。细胞越分化、越专门化，器官就会越复杂，生理控制系统就越健全，再获可塑性就越困难。因此，对于生物体内的每个生理系统和每个组成部分来说，时间窗口的存在是至关重要的。可塑性在时间窗口内发生，时间窗口外的时间里则无法再做出改变，因为成本和设计制约门槛过高。

而所有这些都必须基于传感器正常运转。如果烟雾探测器出现了故障，听到错误的警报后，我们会从房屋中撤出；或者更糟糕的，本应该发出的警报却没有发出，我们可能就会窒息。茧中的幼虫、卵中的胚胎、子宫里的胎儿，它们直接感知外界的能力非常有限，胎儿获得的所有与外界有关的信息几乎都是通过母体发出的信号得知的。母体充当了传感器并发出信号，胎儿对它们做出间接的回应。然而，信息到达胎儿之前很容易出现问题，因此，胎儿做出的反应也许与环境信号不相匹配，进而引发某些不良后果。

我们已经间接指出，对一个环境信号做出的发育应答，可能是长期的，也可能是短期的。短期应答也许需要对发育过程中的即时威胁做出回应。长期应答使个体完善其发育和生活史策略，以使他在"食物和性"的成年人游戏中拥有优势。这些长期应答是平衡的、综合性的——理解这一点非常重要。由于使用了"工具箱"，我们实现了进化，这个"工具箱"使我们在发育早期能够调整我们的适应性反应，以便使它与我们预测的未来相匹配。生物进化的最终目标是提高繁殖适切性。如果我们预测将来的日子会很艰苦，那么我们会采用这样一种策略——减少在生长、发育以及组织修复上的投入，并通过减少活动、增加脂肪形式的能量储存来减少能量消耗。相反，如果我们预测将来的日子会比较轻松，就会选择另一种策略——尽可能地生长并计划如何延长寿命。这是两种极端的情况，而我们处在这两个极端之间的哪个位置上，在一定程度上取决于作为一个胎儿我们是如何理解（或误解）母体所处的环境，以及如何利用这些信息来预测我们将来所处的环境。这就是匹配或者发育错位产生的根源。

关于短期应答，有一个重要问题——短期应答是否需要在未来的日子中付出代价呢？通常是要付出代价的。出生时婴儿的体形小，这可能是对恶劣的子宫环境做出的短期应答，在这样的环境中，营养供给非常有限。而出生时体形小的动物更容易死亡，在与同类物种的成员争夺食物中处于劣势，或者更易被其他捕食者捕食。在人类中情况亦是如此，体形较小的婴儿更可能在出生前后的一段时间内死亡。且问题不只存在于在婴儿刚刚出生后，正如我们将要看到的，我们一生都要为此付出代价。

对于长期应答来说，关键问题是基于发育预测做出的选择是否正确。预测性的应答决定了生物体的发育轨迹以及后来的适应能力，从这个意义上来说，预测的精确度是一种重要的制约因素，其关键在于胎儿对子宫外的环境预测是否准确。胎儿接收到错误的信息，可能是因为传感器出现了问题，也可能是受到它所继承的事物的影响。如果母亲由于疾病而身材矮小，或是过于年轻或年龄很大，那么错误的遗传就会传给下一代。我们逐渐意识到，作用于一代人的环境影响能够引发其表观遗传的变化，这些变化能够在几代人之间传递。

　　不论是在获取营养方面，还是在感知未来所处的营养环境状况方面，胎儿完全依赖其母体。然而，在母体的生存环境与胎儿感知到的环境之间存在一条非常复杂的路径。在这条路径的终端，胎儿会探测到那些被机体组织吸收的营养物质释放出的营养信号。到达那里的物质大致由以下几个因素决定：饮食、健康、母体的新陈代谢以及母体的生理状况，母体的生理状况控制着流入子宫的血液中的营养物质水平。此外，胎盘自身的状况也是因素之一——在把营养物质从母体传输到胎儿体内的过程中，胎盘是否正处于最佳的活动期？其中有多少营养物质为了满足运输过程中的能量需要而被燃烧掉？因此，就像中国的传话游戏一样，有些被传递的信息可能被曲解，胎儿获得的有关营养的信息很可能不能准确地反映出母体所在的真实营养环境。这是一种设计制约——在哺乳动物中，发育可塑性依赖于这种相当低效率的传感系统。母体行为的各个方面，例如吸烟和不均衡的饮食，都会干扰这个过程。母体身体状况不佳以及胎盘机能失常也会对这个过程产生干扰。这是哺乳动物发育的现实状况——它并不是一个完美的过程。

第三股：分娩的制约

　　作为一个物种，人类的成功主要取决于我们较大的脑部。但为了能够用两条腿走路，我们的原始人类祖先不得不改变骨盆的形状。骨盆大小以及臀窝位置的变化导致骨盆口的宽度变窄。另一方面，为了扩充大脑容量，我们的头部要比我们的灵长类动物远亲的头部大得多。这就给分娩带来了挑战。解决这个问题的唯一方法是：经过进化，我们能够在大脑发育尚未成熟时出生，更多的大脑发育则等到出生后才进行。这和其他灵长类动物不同，黑猩猩幼仔生来就会走路，而我们甚至要到 1 岁时才开始走路。尽管刚出生时我们的脑部还没有发育成熟，但人类婴儿的头部在经过母体的骨盆时仍然有一定的难度。与之相比，黑猩猩胎儿的头部小，因此很容易通过其母体相对较宽的骨盆腔。胎儿只有保持适当大小的体形才能够顺利出生——这是我们发育中的重要关卡。如果胎儿的生长只受到遗传影响，那么问题就会更加严重。想象一下这样一种场景：体形较大的雄性与小体形的雌性进行交配，如果没有机制来消除父系基因对胎儿生长的传影，胎儿相对母体的过度生长将是一种非常危险的情况——胎儿会死亡，母亲死亡的可能性也会很大。

　　人类的进化似乎已经解决了这一潜在的冲突，其解决方式是放大母体制约（该机制也存在于其他哺乳动物身上）的重要性。这些复杂的、尚未被充分了解的机制控制了胎儿在母亲怀孕后半期的生长。在这段时间，胎儿主要依赖由母体传递给它的营养。母亲的身高与其骨盆的大小存在关联，而骨盆的大小、子宫的大小以及子宫的血液供应之间又相互联系，即它们都与母亲的体形大小有关，也就是说，母亲的体形在一定程度上决定了将要送达胎儿的营养数量，即胎儿的生长与母亲的体形关系密切。这使得人类胎儿的生长程度并不取决于遗传，而是受限于母体子宫内的环境，因而胎儿通常能够成功地通过骨盆腔，被分娩出来。我们认为，这种机制对于理解与营养有关的发育错位是如何产生的至关重要，因为母体制约决定了传递给胎儿的有关其将来所处环境的营养状况的信息。

　　在胎儿出生以后，这种来自母体的制约性影响依然存在。就像大多数哺乳动物一样，人类婴儿在获得营养方面完全依赖其母亲。但是人类婴儿对母亲的这种依赖甚至会持续到断奶以后，断了奶的婴儿仍然不具备搜寻足够的食物或者照顾自己的技能。在旧石器时代，人类小孩到2—4岁才断奶，澳大利亚的土著居民在受到欧洲影响而改变生活方式之前就一直如此。用今天的标准来衡量，这段时间似乎太长了。然而在史前，哺乳客观上增大了后代存活的概率，因为这扩大了婴儿的出生间隔，延长了母亲哺育后代的时间。而在婴儿断奶之前，人们也许早就已经开始在它的饮食中添加其他食物了。现代人已知道，长期的纯母乳喂养（超过12个月）会导致母乳营养质量的下降。此外，母乳的质量还会受到母体健康状况的影响。因此，在恶劣的环境下，营养水平对发育的制约性影响会延续到婴儿期——由此可见，这一因素的重要性。

几股交织在一起

我们已经在这本书的第一部分中描述了我们是如何通过进化竭力使我们的生理状况与我们的生活环境相匹配，以期在舒适区中繁衍生息。尽管如此，人类的适应能力有内在的制约因素，其中有些制约因素是遗传方面的，另一些则是发育方面的。然而，人类也具有改变所在环境的非凡能力，我们已经在过去的一万年中对我们的生存环境做出了巨大的改变。当我们面对这些环境中的变化时，过往种种制约了我们的应对能力。昔日的进化历史试图利用我们的基因储备使我们的表型发育与环境相匹配——问题是，此处所指的环境很大程度上在一万多年前就已确定了。幸运的是，进化赋予我们发育可塑性的"工具箱"，使我们能够进一步调整与所处环境的匹配程度，但同时这一过程又受到我们自身设计的限制。所有这些共同作用，塑造了我们能够健康生活的环境范围。然而，任何一个舒适区都有界限，夏尔巴人和卡努里人跨越了这些界限，因此必不可免地付出了代价。随着社会和环境快速变化，我们向这些限制发出了越来越多的挑战。错位的程度越高，我们付出的代价就越大，因此我们就更需要对此有所了解。

第二部分　错　　位

　　在本书第二部分中，我们将解析以下问题：人类如何在所处环境中生活；基因与发育的限制将如何影响我们的生活；我们自己创造的新环境是否与适应过程相匹配？如果答案是否定的，那么我们将面临更大的错位风险，变异和疾病将体现这一点。错位的后果是什么？如果我们要研究遗传与环境错位所带来的影响，我们应从何处入手？

　　随着社会愈渐复杂及儿童健康水平的提升，人类成熟过程中也出现了错位，第六章将着重研究这一现象。像过去那样的青春期生理、心理同步成熟的状况已经不复存在，这挑战着人们对青春期的固有观念，我们将研究该问题对现代社会带来的深层影响。第七章将聚焦饮食、食物摄取和能量消耗巨变所带来的后果，这导致了诸如糖尿病、肥胖症等代谢疾病的频发以及心血管类疾病的出现。第八章将探讨中老年人的情况。因为人类繁殖结束后选择就不再起作用，而且人类现在的寿命相比过去得到极大的延长，人们在人生之初选择的发育轨迹未必对今后的生活有益，因此，错位便成了生命延长的后果。由此，我们便可以从另一角度理解年龄增长、更年期和老年病等现象。

　　这些内容是我们下一个阶段发现之旅的起点。人类必须为个人健康和社会发展承受这些后果。本书的最后一章将总结这些观点，客观审视错位范式，思考减少错位影响、改善人类生活状况的方法。

第六章

成　年

　　肯尼亚马赛部落的女孩子会在第一次月经来潮后不久就嫁人，但是男孩子的婚期却很迟。他们要在 12 岁之前做一些喂养奶牛、山羊的粗活，而青春期对于他们来说是"战士时期"。在部落为他们举行一些隆重的仪式之后，他们便成为"战士"，必须与村落的其他族人分开，独立生活。这些男孩在一起生活、睡觉、学习以及练习格斗，他们的角色由牧童变为保卫部落的战士，保护他们的部落领土不受外族侵犯。大约 10 年后，通常是他们 25 岁时，部落会再次为他们举行隆重的仪式，正如当年为他们举行步入战士学堂的仪式一样，那时，他们成了"年长者"。直到那时，他们才会娶适龄女孩为妻，成家立业。正如罗伯特·萨波尔斯基（Robert Sapolsky）所言："或许他们后来会终日抱怨现今战士的素质。"

　　在澳大利亚北部的卡奔塔利亚湾的一些热带小岛上，土著部落中的男性与马赛部落的男孩一样，要在青春期时与他人隔离，并割掉阴茎包皮。在此期间，他们不能说以前的语言，而要学习一种特殊的手势语，但他们仅在这段时期使用这种语言。之后，他们要第二次接受生殖器切除手术即割礼（一种将尿道口位置由顶端移至阴茎下部的残酷手术），并学习另一种口头语言。这种语言发音非常奇特，与他们童年时期讲的语言有很大不同，只有经过割礼的男性才可以使用。与狩猎采集者社会一样，在与欧洲社会有所接触前，大多数土著部落的女孩在 14 岁左右便会嫁人，而男性则要等到 25 至 35 岁时才能娶到自己的第一位（或许也是唯一的一位）妻子。这种体制之所以出现，是为了解决新生婴儿死亡率偏高和性别比例失调的问题。由于女婴常常被杀害，首领们便采取这种方式使人口密度与生态系统匹配，以促进部落发展。

　　成人礼是一个人由孩子过渡到成人的标志，它在各国文化中都很普遍，在传统社会中更是如此。仪式给予人们宝贵的学习文化的时间，而每个社会的仪式都各具特色。

　　在传统社会中，这样的仪式往往意味着孩子要离开他们的父母，是孩子从依靠父母到独立生活的标志。男性和女性会分开学习性别角色和部落知识。对于男性来说，这个仪式可能十分漫长，并且非常痛苦和残酷，他们要面临力量和勇气的考验以及成为战士前的磨炼。对于女性来说，时间显得很短暂，要迅速学习如何扮演女性角色，因为她们往往很快就要嫁为人妻。对女性的学习要求要比男性低，因为女孩在帮助妈妈、阿姨做家务时已经获得了一些做母亲的技能，而男性的训练目标则是成为部落战士或猎手。

　　这些仪式举行时间的安排往往颇有深意。对于女孩来说，仪式往往标志着其青春期的成熟，一般来说，她们要在青春期后马上步入婚姻殿堂。对于男孩来说，仪式举行的时间并不固定，一方面是因为他们的青春期标志不明显，另一方面，在许多文化中，年轻的男性在成人前没有完全的生育权。

　　生理成熟期和角色转换紧密相连，成年意味着背负更多责任，对传统社会的女孩来说更是如此。但是在现代社会，从孩子到成人的转变不仅是一段身心发生变化的特殊时期，还是一个获得权利的过程，这个过程一般来说会持续很长时间。这段过渡期的时间在每个国家是不同的，但是会遵循大体相同的模式。例如，在新西兰，12 岁的孩子"获得"被判死刑的"权利"，15 岁时获得开车的权利，16 岁获准购买烟草、结婚，18 岁获准参军、投票，20 岁被准许购买酒精类饮品，到了 25 岁则可获得租用车辆的权利。

这段持续十多年的漫长过程看似不合理，却是近代以来才出现的现象。追溯到一百年前，青春期标志着一个人迅速从孩子转变为成人——成为妻子或劳动者。对于女性来说，在十几岁时就要结婚，十几岁的男孩则像我们的祖父辈那样独自离家，甚至移居他乡，自力更生。但是现在，在很多国家，孩子们在青春期乃至 30 多岁的时候，都会一直依赖父母。

同时，在现代社会，人们生理成熟的年龄越来越提前。在西班牙和意大利这样的国家，几乎一半的女孩在 12 岁时已经开始有月经，但是她们的祖母却是在 14—16 岁时才有月经。这种提前的生理成熟是正常的，还是病理学上的反常现象呢？这种现象是否能从进化角度理解？其中是否存在一些令人惊骇的情况？例如，发育提前是由暴露于有毒环境所致。这种提早成熟的后果是什么？这就是本章所要探讨的主题。

成　长

对于一些动物来说，能够生育，并且顺利将自身基因遗传给下一代，不仅是生命的目标，还是死亡迫近的警示。澳大利亚赤背蜘蛛会在交配后，将自己的身体献给同伴作为食物。许多昆虫会大半生处于幼虫或毛虫状态，变为成虫后，仅能存活很短时间，它们往往迅速产卵并孵化，之后便会死去。甚至一些脊椎动物也是如此。三文鱼奋力游至上游它们出生的地方，在那里产卵或受精，为了这一惊人的壮举，它不惜付出生命的代价。这种只交配一次即死亡的现象，称为单次生殖。单次生殖现象甚至在有袋动物身上也能看到。褐肥足袋小鼠是一种夜间活动的小型食肉动物，它生活在澳大利亚东南部的树林中。雄性鼠仅能存活约 1 年时间，而雌性鼠的寿命长达 5 年之久。雄鼠 11 个月左右大的时候进入交配期，它们会尽可能多地交配。一些雄鼠会在与其他雄鼠的争斗中死去，但是更多雄鼠是死于过度交配导致的体重下降和感染。几星期内，所有的雄鼠都会死亡。这种非凡的生命历程有什么益处，是如何演变而来的，人们尚不清楚。

大多数哺乳动物虽然繁殖方式各不相同，却都能够繁殖一次以上。一些物种寿命相对较短，却能像兔子一样繁殖得又多又快。因此兔子、老鼠、鼩鼠、田鼠和野鼠在进化中已经形成了一种"快速繁殖"的生存策略，即尽可能多地孕育幼仔，这样才能确保其中的一些可以存活到繁殖的年龄。这些物种的后代成熟迅速，在早年断奶后不久便可生殖。雌性鼠的孕期是 21 天，其幼仔 21 天后断奶，出生后 55 天便过完青春期，之后不久便可交配繁殖。断奶后，雌性鼠就不再负责照顾孩子，因为对它来说，再次受孕以及让刚出生的幼仔学会自我保护更为重要。雌性鼠出生后仅 5 个月内就能成为"祖母"。

与之相比，人类和象、马、鲸等其他大型哺乳动物的繁殖方式截然不同。他们成长发育缓慢，寿命较长，并为其数目不多的后代付出大量精力，以使他们长大成年。人类的成熟期是以非常特殊的方式完成的。人类的大脑有更大的发育空间，但由于人类骨盆较狭窄，因而婴儿的大脑往往要在出生后才能进一步发育。我们出生时大脑的尺寸是成人大脑的 25%，然而黑猩猩初生幼仔的大脑尺寸几乎是成年猩猩的 50%。因此我们必须在后代的婴儿时期、孩童时期和青少年时期一直抚育他们，直到他们准备好面对向成人转变的挑战。

有实验表明，人类孩子依赖父母的时间与多数大型哺乳动物相比要长很多，其他哺乳动物的后代会在性成熟前迅速从待哺幼仔成长为十分独立的青年个体。而人类即使像传统的游猎人那样三四岁才断奶，孩子也要依赖父母几年后才能独立。我们都知道，4 岁的孩子仍然需要父母在衣、食、住方面照顾他们，帮助其在社会上生存。到了 8 岁左右，孩子才刚刚学会基本的生活技能，能够独立生存——他们可以自己吃饱，找到住处，但是处理复杂社会情况的能力仍然有限，这就是我们常说的少年时期。人们通过观察城镇街头的流浪儿童发现，8 岁是孩子学会基本生存技能的关键年龄，街头流浪孩童中最小的孩子也要有 8 岁。尽管如此，他们依然要组成一个类似家庭的团体，互相依靠，直到长成十几岁的少年。

由孩子到成人的转变包括几个方面：生理成熟、性心理成熟和社会心理的成熟。青春期结束时，个体必须在这几个方面完全独立和成熟。在发育阶段，这几个方面应互相协调、共同发展，这一点具有重大意义。因为只有这样，我们的生理成熟时间才能与认知能力、性心理和社会心理的成熟时间相匹配。

各个物种的幼仔和其少年时期的个体，在社会行为方面都不成熟。小猫与成年猫的行为特征截然不同，幼狮与成年狮的行为大相径庭，但是一旦它们的性激素水平发生质变，它们就会表现得像一只成年猫或成年狮。为了生存，每个物种中性成熟的动物都必须知道本物种的社会规则，学习捕获食物的技能，如果是哺乳动物，还要掌握抚育后代的方法。一些物种，尤其是像土狼、狮子等群居动物，会经历青春期前的少年时期，这个时期可以确保个体学会成年所必需的社会技能。灵长类动物也是如此，我们可以从黑猩猩的行为中看出这一点。少年时期的雄性动物和雌性动物慢慢转换角色，学习成为部落中的成熟个体，每个部落都有自己的仪式或行为来证明这一角色转换的成功。例如，对于贡贝黑猩猩和西非黑猩猩而言，学会使用不同工具从白蚁窝里拨出白蚁就是一种标志。贡贝的黑猩猩用草茎或剥光皮的细树枝戳蚁穴，而西非黑猩猩会咀嚼木棍底端，将其制成刷子状的工具。西非黑猩猩还学会了用石头敲开坚果，并且这种方法已经沿用了一个多世纪。它们是从父母那里花了几年时间才学会这项技能的，但是东非黑猩猩却不会这么做。灵长类动物的群体结构非常复杂，因此其个体如要存活并繁殖就必须学习这些技能。

　　人类在这方面与其他灵长类动物无异。通过进化，人类生理成熟的时间本应与认知能力、性心理和社会心理的成熟时间非常匹配。但是我们远古的女性祖先在具备成人技能之前就要繁育后代，因而她们必定要为此付出代价，那就是初生婴儿的死亡率很高。即使祖母或兄弟姐妹可以帮忙照顾，婴儿的存活率也还是很低；即使生理与社会心理相匹配，母亲头胎子女的死亡率也居高不下。由此可知，母体的成熟和经验是何等重要。头胎的草原狒狒只有 29%的存活率，其后的幼仔情况要比头胎好，但也只有 63% 的存活率。一项对大猩猩的研究表明，它们的第一胎在第一年里仅有 40% 的存活率，但是其后的胎儿却有高达 80% 的生存可能。

　　考虑到我们的原始人类祖先的预期寿命较短，女性生理和社会心理成熟相适配有助于繁衍后代。如果一名妇女心理方面足够成熟，可以成为母亲，那么从发育角度看，她繁育后代的生理功能也应该已经具备。或者说，如果女性已经在生理上具备了繁育后代的能力，那么她们的心理也应该相应成熟。比较研究并没有给出女性行为成熟前具备生育能力的事例。男性的情况可能与女性不同，因为像大猩猩、原始人类等一些物种中的男性，只有在后期得到某种统治地位时，才可以获得生育后代的机会。

　　目前，人们对于古人类具备何种水平的认知能力和社会心理能力各执一词。一些人认为，成为狩猎者或采集者必须具备的技能，与久坐在办公室的普通职员所需技能并无差异，较长的童年时期就是为了给予人类学习这些技能的时间。但是也有一些人认为，这些技能无须长时间学习。人类学家研究了坦桑尼亚的哈兹达族人在童年学习园艺对他们会有什么影响。结果发现，接受教育的孩子并不比那些没去学校学习的孩子更优秀，因此，童年经历不能决定谁可以成为好猎手。人们对澳大利亚北部托雷斯海峡的麦林人也做了类似研究。研究表明，人们要掌握打猎技能仅仅需要锻炼身体——确切地说，只要在童年时锻炼身体肌肉就可以培养出这项技能。由此可见，是人类青春期体格发育与力量的培养而非长时间的学习，最终决定了其在草原上狩猎的成果。

　　掌握更多的社交互动技能或许更为重要。5万年前到3万年前，艺术、宗教和仪式出现，抽象思维显然业已存在于这些形式中了。而现代人类在七八岁时便已形成抽象思维，年纪再大一些的孩子可以洞察社交状况，并且能够处理一些复杂情况。但是，旧石器时代的社交性质是不同的，在一个25人到50人的部落里，人们所需的社交技能必然比在曼哈顿的年轻人所需的社交技能少得多。由此，我们可以推论，10 到 12 岁的智人已能够像成人一样处事。此时，人类身体与社会心理的成熟度是互相匹配的。女性的初潮在青春期较晚的时候出现，这在时间上十分合适，因为处于这一年龄的女性在社会心理方面足够成熟，可以在部落中胜任成人和母亲的角色。

但是，在现代社会，身体与社会心理这两方面的发育是否依旧匹配呢？越来越多的证据表明，答案是否定的。我们不会指望现在刚结束青春期的孩子可以像成人那样，完全独立地面对社会，成家立业，与同事很好地相处，应付复杂的税收、官僚政策，以及大城市中数以百计的社会活动。很显然，在现代社会，对于十几岁的青少年来说，身体和社会心理成熟时期不再互相匹配。为什么会这样呢？要回答这个问题，我们必须分别考察人类生理成熟与社会心理成熟的过程。

我们不断改变的身体

许多动物都是季节性繁殖。这样可以保证它们的后代在一年中的某一时间出生——大约都是在春季，因为那时天气较暖，有较多食物供给，可以更好地哺育后代，因此这时出生的幼仔更容易存活。动物可以做到季节性繁殖，是因为其大脑中存在一种感应季节的"开关"，可以根据季节变换控制生殖激素的分泌，并只允许它们在每年分泌固定的量。这个系统对于昼夜长度的变化非常敏感，可以通过改变褪黑激素水平来停止繁殖。例如，雄性绵羊的睾丸在春夏之际会萎缩不能产生功能正常的精子，但是在夏末和秋天它们会因生殖激素的刺激再次激活和生长，受孕母羊会在 5 个月后的春天分娩。为证实这一点，我们可以将公羊关在特定地点，人工缩短其接受光照的时长，或者让公羊服用褪黑素，使其认为夜晚变长，公羊的睾丸就会更早激活。

但是人类与动物不同，可以在任何时候生殖而不用顾及季节。当我们在少年期末进入青春期，性激素系统就会被激活，这与季节无关。感觉上，我们复杂的生命变化与性激素紧密关联是自此开始的，但事实上，在青春期，激素已经是第二次被激活了。因为在胎儿时期，它们就曾被短暂激活，然后在婴儿时期性激素暂停活动。男性胎儿的睾丸分泌睾丸素，促进生殖器发育；而女性胎儿的卵巢活动促使卵子形成，卵子也只有在这时才能形成，其后，便停留在卵巢内发育，直到青春期，才可能排出体外。

只有男性胎儿分泌睾丸素，这对于性发育尤为重要。男性大脑与女性大脑在结构和功能上是有区别的。比如说，不同性别个体的神经中枢对激素分泌的控制不同，性心理功能也相应不同。大脑中一些与之相关的核子的大小也体现出两性差异。除此之外，不同性别间可能还存在其他差异，但这是性别政治与生物医学相互影响的结果。哈佛大学前校长拉里·萨姆斯（Larry Summers）的一段话曾激怒了哈佛大学的学生，因为萨姆斯认为，男性与女性大脑功能的差异会延伸至其他领域。这一事件说明，简单的生物医学观点多么容易被滥用在社会政治学领域。

有关性别意识与性取向的问题更加复杂。个体在生命早期的大脑结构和功能的发育状况对其成年后的性取向有多大影响？这个问题引起了人们的极大争议，而相关的科学研究非常薄弱。对于同一组研究数据，有些人会拿来证明同性恋行为具备生理基础，而反对者则会得出完全不同的结论。问题在于，现有研究确实已经发现，睾丸素对雄性幼鼠和羊羔的性行为发育非常重要，但是这些资料非常模糊，说服力不强。因此，尽管两性之间在生殖相关的大脑功能方面存在某些差异，但并没有足够证据表明生命早期的性激素类型与性别意识有关。

人类出生后不久，其大脑就会暂停激活性激素系统。在最重要的激素转变时期即青春期到来前，该系统会保持静止。青春期时，大脑会重新激活激素系统，使垂体腺释放生殖激素。这导致睾丸分泌睾丸素，产生成熟精子，也致使卵巢开始分泌雌激素。男性体内的睾丸素促成汗毛、胡须和腋毛的生长，导致喉结形状改变，并使其在脖子上的位置向下转移，使人的声音变得更加低沉，同时促进骨骼和肌肉生长。意大利唱诗班男歌手的例子可以证明这一点。在曾经的意大利，唱诗班的男歌手在青春期前要被"阉割"生殖器，以确保他们保持较高的声线为教会献唱。西斯廷教堂最后一名阉伶亚历山大·莫里斯基（Alessandro Moresreschi）于 1922 年去世。他的声音是唯一被记录的阉伶声音，他的音色非常清晰、独特。同样，女孩体内的性激素，尤其是雌激素会促使乳房发育、汗毛生长以及其他身体发育。

生理成熟的全过程要持续几年时间。女孩青春期的第一个标志是乳房发育，而男孩的青春期首个标志是睾丸生长。男孩和女孩在青春期身高都会加速增长。从此时到青春期末要经历 3—5 年，个体完全成熟时，青春期就结束了。性激素的影响导致长骨生长板趋于闭合，因此，在此之后，人的身体不可能再次长高，但是肌肉还会进一步发育。当然，在现代社会中，即使青春期结束，大脑也会进一步发育，但是个体的身体已经长到成人标准，并具有生殖能力。

在青春期，男性和女性生殖能力形成的时间是不同的。男孩在青春期初期便能产生精子，他们的青春期快速生长较多出现在生殖能力形成后。女孩却在第一次月经出现前就基本停止生长，这说明第一次排卵后她们的激素发生了改变。月经出现，是因为脑垂体激素改变模式，激发卵巢内卵子的成熟，并使其排出输卵管。激素周期性变化的过程自此建立起来了，它导致子宫内膜生长、脱落（由此产生了月经），这种现象大约以 4 周为一周期。但是许多女性的首个周期会有排卵失败的现象，因此在生殖能力完全形成前，排卵期可能在 1 年左右的时间内是不规律的，在 1—2 年内排卵量也可能很少。

人类与其他哺乳动物包括灵长类动物不同，在青春期，人类的骨骼可以继续生长，而多数其他动物在进入青春期后就停止身体发育。为什么会出现这种差异？对于这个令人困惑的问题，人们持有不同见解。一种观点认为，人类必须推迟生长期，因为他们要首先将精力投入到大脑发育中去，因此必须要推迟骨骼发育，直到大脑发育完成。另一种观点我们比较认同，那就是男性青春期的身体快速生长出现在性选择期，因为较高的男性更有吸引力，或更容易在交配竞赛中取得胜利。对于女性来说，自然选择在其生长突增阶段的进化中起着至关重要的作用，这一点特别体现在骨盆大小上。女性要到青春期晚期——月经初期后的 1—2 年，骨盆才发育到最大尺寸，这并非偶然，因为此时女性才具有完全生殖能力。而骨盆直径与身高直接相关，如果母亲身材较小，受到母体限制，供给婴儿的食物有限，生下的婴儿就会较小，而较小的婴儿没有正常婴儿容易存活。因此，自然选择致使某些女性在生殖能力完全形成的时候才发育出较大的骨盆。

调 整 生 物 钟

青春期到来的时间也会受到一些遗传因素的影响。青春期的提早或推迟与家族遗传有关，一些人月经初潮的时间比其他人更晚或更早。例如，北欧人要比南欧人初潮时间平均晚 7 个月。更重要的是，环境也会以各种方式影响青春期到来的时间。其中，营养因素最为重要，但是营养对人的影响，在人出生前后是不同的。如果童年时期营养摄取不良，会导致青春期推迟，而胎儿时期营养摄取不足，则可能导致青春期提前。

如果胎儿缺乏营养供给，它会预测其未来状况可能堪忧，因此便选择采取一种跟小型哺乳动物相似的生命策略，即加快性成熟的速度，以确保基因顺利遗传给下一代。有证据表明，生活史生物学适用于昆虫，也同样适用于人类。总的来说，出生时体重低对青春期提前的影响是很小的，或许仅会使其提前几个月；出生后的营养摄取对于青春期的影响要更大些。胎儿时期营养不良而出生后营养摄取充足，会导致该儿童青春期提前 1 年以上。在上述情况下，胎儿已经感知到出生的环境比较危险，并试图采取加速成熟的策略。一旦她在青春期得到足以使她具备生育能力的充足营养，加速成熟，就会成为现实。这个例子表明，儿童的表型表现主要取决于其出生后的环境。这种情况在那些出生于贫困地区，但被富人家收养、抚养长大的孩子身上尤为明显，他们由早期营养摄取不良的状况迅速转变为营养摄取适量，因此出现了青春期提前的现象，有些女孩甚至在 6—8 岁时就出现第一次月经。

相反，童年时期营养不良，健康状况欠佳则会推迟青春期。一些人类生物学家认为，这是一种权衡，它使人在生殖能力成熟前得到更多生长。女性要确保在新陈代谢状况良好、能够满足自身和胎儿营养需求的情况下才受孕，这一点非常重要。像人类这样生殖周期较长的动物似乎普遍采取推迟反应这种策略——即在艰难环境下推迟青春期，寄希望于环境情况会在不久后改善。

因此，青春期到来的时间至少受到三方面因素的影响：遗传因素、出生前的发育环境及童年时期的营养摄取状况。这三方面因素与本书下一章要探讨的决定新陈代谢的因素非常类似。这不足为奇，因为发育与代谢正是每个生物适应环境、提升繁殖概率的两个关键要素，而这两个过程本身就是紧密相连的。大脑机制确实一度控制着青春期的开始时间，它与新陈代谢系统交叠调节，因此在生物体层面和大脑层面，食物和性都是联系在一起的。

青春期的开始时间也可能受制于其他因素。其中，一个备受关注的问题是，环境中的化学物质与性激素控制机制的相互作用。化学物质大量存在于现代日常生活之中，如肉类中的人造生长促进剂，瓶子中的塑化剂，或是从尿液中排出的口服避孕药，以及激素替代疗法产生的代谢物。这些所谓的"内分泌破坏物"会改变激素的类型，从而诱发肿瘤，如乳腺癌。但是没有足够证据表明，这种破坏物在改变现代人类青春期开始时间方面也起到一定作用。然而，这是一个需要更多、更深入研究的领域。

此外，还有一些资料显示，各种形式的压力也会提前或推迟青春期的时间。这是因为压力会影响大脑网络的功能机制，使其改变对激素释放的控制，控制青春期开始的系统可能由此受到影响，并发生改变。会产生何种影响可能取决于个体在哪个发育阶段遭遇压力。

旧石器时代人类的青春期

为什么女孩很可能在大约七八岁的时候就进入青春期？要回答这个问题，我们可能要回到原始人类生存的时代。我们必须依靠考古学家和人类学家的勘查工作去推断 1 万多年前生物的特性。人们发现的化石和骸骨很明显是有限的，不足以成为确凿证据，但是我们还是能够从中洞察到相当多的信息，尤其是在大量骸骨被发现的地区。我们还可以从尚存的采集狩猎型社会中的现代人类身上找寻信息。但是，跟 1 万年前不同，现代采集狩猎型社会通常生活在边缘地带，群体人口急剧下降；而旧石器时代的采集狩猎者居住在他们自己选择的地域，那里食物充足且安全。从发现的化石来看，没有证据表明营养不良是旧石器时代人类的重要特点，营养不良是在后来随着农业和城市的发展而出现的。

但是，旧石器时代的人类寿命较短。在童年存活下来的可能性只有 50%—60%，即使能够在童年存活下来，也很难活到中年，活到老年的人更是极为罕见。根据我们已知的变量——活到中年的可能性、分娩时的死亡率，以及能够使种群规模稳定的可存活孩子的数量，我们能够对他们青春期开始时间做一些简单的推算。我们可以把女性的生育间隔考虑进去，假设他们与现代狩猎采集者一样，女性哺乳行为以及杀婴的行为，目的均为确保孩子降生时间有一定间隔。我们也必须考虑到，孩子需要母亲活到一定年龄，因为她们要照顾最小的孩子直到其生殖能力成熟，这样才能确保群落人口的稳定性。

这个公式中存在一些假设，其中对计算准确性影响最大的是对人类寿命的估算。现在人们普遍认同，旧石器时代平安度过婴儿时期和童年时期的女性平均寿命为 35 岁，她平均会有两个孩子活到成人（包括至少一位女性），这样人口才能够保持稳定，同时还要确保母亲存活足够长的时间，以抚养其最小的孩子，直到其能够独立生存。如果我们基于以上推测来进行计算，我们发现，旧石器时代女性的生殖期要有 16—18 年。这意味着在 13—15 岁的时候具备生殖能力有利于人们建立生存优势。也就是说，在 11—13 岁的时候女孩子会有月经初潮，大约 7—8 岁的时候乳房开始发育。这应该就是我们这个物种生长、成熟的基本模式。

思　想　成　熟

青春期性和身体的成熟使我们意识到个体会受到激素的影响，而父母和社会在这时对男孩和女孩的态度开始转变。受激素对大脑的影响，性心理开始发展，也就是说在青春期内，个体的自我认知和性意识出现。但是性心理成熟不能与生殖能力的成熟分开，它们是互相依赖的两者。青春期如果不能分泌更多性激素，性心理就无法成熟，但是仅仅有激素的改变也是不够的——大脑也必须足够成熟，才能对激素改变做出反应。例如，由于脑部肿瘤，发育异常的孩子可能会出现青春期早熟现象，这会使其身体和性生理呈现出比实际年龄更成熟的特征，但是他们的性心理还要到很晚以后才能真正成熟。

脑部功能的其他方面也会发生重要的变化。脑部发育的许多方面，例如认知成熟，不受性激素的影响。这就是为什么在中学，在那些年龄为 13 岁的孩子中，完成青春期发育的孩子和没有完成青春期发育的孩子在测验方面的表现没有差别。在青春期，人们的大脑神经元回路（brain circuitry）会进行重组。一项研究运用复杂成像技术发现，大脑在人类青春期早期拥有最强的连接能力。我们也从同类研究中发现，大脑功能和构造方面的一些改变会持续很久，尤其是大脑前额叶皮层的神经连接。这个大脑区域成熟最晚，控制责任感、自我控制意识等品格的形成。科学家普遍认为，人类在青春期早期做出的冒险性举动可能意味着其前额叶皮层尚未成熟。随着年龄的增大，当这些晚熟系统完全被激活时，我们会变得更理智。新西兰的租车机构规定不允许将车辆租给年龄低于 25 岁的人，或许是对的。

很不幸，我们无法通过解剖学研究得知，对于生于现代社会的人类来说，其大脑完全成熟是否要花费比前人更长时间，因为缺乏研究必需的成像技术。但观察的证据表明，情况确实如此。两个世纪或更早以前，许多青少年就能够担当成人角色。在拿破仑战争时期，英国皇家海军少尉之候补军官在十三四岁的时候就能参军，而后来的纳尔逊勋爵在第一次加入海战时年仅 12 岁。我们自己的祖父和伯父在十五六岁的时候也已能够离开父母独自生活，开创事业。是人们建立大脑神经连接网络的周期改变了吗？还是青春期个体需要学习比以前更多的知识，才能在复杂的社会中立足？抑或是随着社会日益复杂化，我们对待青少年的态度发生变化，想要约束他们大脑的成熟？媒体等外部因素是鼓励了冒险行为，还是改变了控制行为的神经通路的发育？对于这些以及许多类似的问题，我们很难回答。很明显，青春期是一部变化的、复杂的心理剧，其中有一系列内部和外部的角色。在我们步入青春期的时候，我们的自我画像、别人对我们的印象以及我们大脑的功能都发生了巨大变化。

我们的抽象思维能力在童年晚期开始发展，但是大脑的连接能力在此后还将持续发展、成熟。我们的认知能力与社交能力的发展离不开我们所处的社会环境，与社会对我们的要求和供给息息相关。

变 化 的 时 代

在 15 万年前，我们的身体和头脑在青春期同时进化成熟。然而在过去的 1 万年里，我们身体和大脑成熟的时间发生了重大改变。我们可以通过其中的一些主要转变来理解这一问题。出于完全不同的原因，人类的身体和大脑在环境因素影响下都推迟了成熟的时间，但两者依然保持同步。但是在过去的 100 年中，身体与大脑的发育产生了分化。社会心理的发展要求越来越高，因此其成熟似乎被推迟了，身体成熟却变得更早，由此便出现了短暂的错位。为什么会错位？错位的后果又是什么？这是本章接下来要讨论的问题。

农业发展使人类开始定居，定居后人们便有了财产的观念。定居还促进了新的社会结构的建立。农业使人类与动物建立了密切的联系，这种关系随着人口的增长越发紧密。如果农业发展得好，会有更多人在一个地方永久定居，然而交叉感染疾病的风险也会因此增加。另外，我们的营养结构发生了根本的改变。狩猎采集者可以用多种方法获得食物，但是定居的人只能依靠在固定地点放牧、耕种才能生存下去，因此他们更易受气候和战争的影响。营养不良和疾病感染首先会影响孩子，他们的发育也会受到限制，童年营养贫乏导致青春期推迟。因此随着定居方式的改变，人类青春期也就随之推迟了。

但是，社会结构日益复杂促使人类所需掌握的生存技能增多，需要花费更多时间学习。即使身体发育与社会心理的改变并不直接关联，但两者的净效应应该是大致相同的，即两者成熟时间都逐渐被推迟了。人类生理青春期推迟、作为成人需要学习更多社会心理技能，这两个现象产生的根本原因就是人口密度的增加。

大量的人口使分工成为可能，社会上出现了专业的工具制造者、面包师和士兵等。定居也创造了财产权，而财产权又促进了等级制度、风俗、法律、税收和权力结构的出现，这些都会导致社会阶级的分化——富人住在城堡里，穷人只能在自己家门口发愁。历史上，从公元前 2000 年到 18 世纪的欧洲，虽然其间穿插着疾病和战争导致的人口下降，但总的说来是人口密度增加、社会复杂性加剧的时期。但是，这些持续至 18 世纪的社会变革并没有影响人类身心成熟时间的匹配。个体要花费更多时间转变为成人，但是他们身体成熟的时间也同样增加了，两者还是匹配的。如果女性的生理成熟在其社会心理成熟之前完成，那么社会也会有一些保障措施——比如女性不会在心理成熟前被赋予生育的使命。

虽然人们生理和心理成熟时间都相应改变了，我们相信，从我们开始进化到现在，两者之间的必然联系是一直存在的。但是，确实，这两个时间突然改变了。

对于人类身体发育的研究（又称生长学）始于 18 世纪末期的美国。菲利贝尔·戈诺·蒙特柏亚赫伯爵（Philibert Gueneau du Montbeillard）在 1759—1777 年对其儿子进行了历时 18 年的发育测量，并保存了准确的记录，就像当今许多父母在门框上记录孩子身高一样。他是第一个发现人类可能呈间歇式发育的人，也是第一个保存了人类青春期快速生长发育记录的人。到 20 世纪中期，孩子发育的速度和最终能够达到的高度被用于监测公共健康水平。虽然不同种族的个体之间可能存在基因差异,例如扎伊尔的俾格米人很矮,坦桑尼亚的瓦图西人很高,但这些数据都关乎经济学家和有关官员着力调查的人口发展趋势。人们注意到,西方人变得越来越高,月经初潮的时间也越来越早,这称为"长期趋势"。在历史生长学的研究中,人们查阅以前的记录,以期弄清这种长期趋势开始的时间。

对西方女性进行的研究表明,在过去的 150 年里,她们的月经初潮时间越来越早,每年女性月经初潮的平均年龄都会降低大约 3 个月。各个国家都出现了月经初潮年龄降低的现象,但是年龄起始点并不相同,这也表明了不同人群存在潜在的基因差异。然而,我们不能认为欧洲地区的情况在世界范围内普遍存在,许多发展中国家的女性月经初潮时间永远也不可能比欧洲女性晚。这可能反映了基因的差异,或者表明了在欧洲启蒙运动前,游牧社会的民众要比贫穷的农奴与居住在贫民窟的城市贫民生活得更好,他们至少在殖民时代来临之前,不会遭遇高人口密度带来的社会复杂化。

我们可以得出结论,欧洲女性初潮时间提前的这种长期趋势是由于其健康和营养状况的改善以及得到母亲更多的照料所造成的。从 18 世纪末的启蒙运动开始,人们对孩子的状况非常关注,同期,英格兰出现了社会改良运动。到 19 世纪中期,这一运动达到高潮。童工法颁布了,社会最贫困成员也开始得到营养支持和慈善团体的捐助。更重要的是,公共卫生事业开始出现——落后城市中敞开的排水沟逐渐消失,卫生与公共卫生概念逐渐深入人心,并影响着孩子们的健康和寿命。

对月经初潮年龄的研究表明,这一趋势在那些孩子健康状况良好的城市中逐渐固化。这一点支持了我们的结论：月经初潮的年龄符合人类在进化过程中设定的时间表。也就是说，随着孩子营养不良和健康欠佳状况的改善，月经初潮出现的时间越来越接近进化选择的年龄。

但是现今的年轻人生活在什么样的社会呢？很明显，是一个更为复杂的社会，成为成人所需时间大大增加了。确实，许多年轻人似乎不能在 20 岁前独立地在 21 世纪的城市中生存。在我们的进化历史上，第一次出现了社会心理成熟晚于身体成熟的情况。为此我们要付出什么样的代价呢？

错 位 的 成 熟

成熟错位是西方社会备受争议的焦点话题，《时代》周刊也将其作为某期封面的焦点议题。虽然人们普遍认为，青春期较早到来是由于儿童激素水平受被污染食物等外生因素影响造成的。虽然外生因素对于其他问题例如改变乳癌发病率等方面具有重要影响，我们仍然认为这并非错位的核心原因。因为在 100 多年前，社会条件开始改善，月经初潮年龄降低的趋势就已经开始了，而社会复杂化的趋势则始于几千年前。

因此，有一个问题变得日益突出，那就是年轻人在生理上与所处的社会环境发生错位，这种社会环境是为成年人量身定制的。人们在探讨该问题时不是去追根溯源，而是用医学方法解决它——如果女孩太快进入青春期，人们或许会采用激素治疗来推迟其青春期的到来。但这种做法可取吗？我们认为，这些孩子身上的现象仅仅揭示了他们的进化起源——加诸于他们身上的发育限制被消除了，他们只是在进入青春期的时间方面与其石器时代的祖先大致相同罢了。

基于上述原因，我们非常担心"青春期早熟"一词被应用到青春期提前的正常孩子身上。"青春期早熟"是一个地道的医学术语，用以描述由于器官疾病引起的青春期病态提前。例如，一些脑瘤会导致患者在两三岁时便进入青春期。"早熟"一词意味着反常，事实是，尽管这种现象是错位产生的后果，但孩子青春期到来的时间仅仅是回归到基因决定的时间点，而非反常现象。

现代人身心成熟错位已是大势所趋。人们第一次将社会心理成熟之前达到身体成熟作为发育正常的判断标准。我们希望孩子的健康状况能够保持良好态势，因为这样他们才能继续较早地进入青春期。随着全球人口健康状况的改善，世界上越来越多的孩子会在7—10岁的时候进入生理青春期，并在11—12岁的时候实现性成熟。另一方面，社会发展一日千里，在未来，一名成功成年人所需掌握的技能也将与日俱增。我们需要一段更长久的童年时期来获得这些技能。

在发达国家，我们对年轻人寄予厚望，这些期望源于社会解放（social emancipation）和媒体信息的驱使。社会将人的身体成熟与社会心理成熟混淆，因此我们会认为一个生理成熟的人即是一名完全成年的人，反之亦然。因此，在人类个体发育病例中，经常会出现这样的情况：一个人如果因为发育问题个子很矮，在他成为成人时，可能仍然被社会当作一个孩子对待；一个6岁的孩子，由于疾病而早熟，可能看起来已经有12岁了，人们就会把他当作12岁的孩子来对待。这种印象和期望的联动不仅增加了那些早熟孩子的压力，也增加了所有孩子身上的压力。媒体、娱乐业和广告业使事态雪上加霜，给身体成熟但心理尚稚嫩的青少年带来了不可想象的巨大压力。媒体和市场利用这种错位，助推青少年内心潜在的性意识。针对这个年龄群体的青少年杂志、流行音乐录像和电视节目中充斥着潜在的甚至是明显的性行为。问题由此进一步复杂化了，因为以上这些促使年轻人完成性心理成熟，而他们的其他社会心理技能还保持着停滞状态，要到许多年后才达到同样成熟的水平。

年轻人身上存在的许多问题都因为这种错位而被夸大了。想想现今的学校，一个班里的学生年龄都在 15 岁，大多已实现生理成熟。他们的行为和冒险行动表明他们试图让社会将其当作成人对待，因为他们看起来像成人。由于他们社会心理还未成熟，不能洞悉社会各个方面的运转方式，因此，他们不能在生理和心理的成熟方面保持一致。社会用规章制度约束住他们的行为，规定他们直到岁数再大一些，才可以驾驶汽车或参加投票选举，这些规章制度带给青少年更大的挫败感。

这个问题是突如其来的——这些青少年的曾祖父母甚至祖父母，都未曾遭遇过类似的问题。由于在他们的时代，人们的心理和身体的成熟期基本一致，便仍然认为孩子的青春期与他们自己的青春期相似，但事实是今时不同往日。许多社会机制至今影响着年轻人，例如初、高中学校，约束年轻人遵守社会制度的观念以及我们对于性教育的态度，等等。这些社会机制建立于维多利亚时代，令人惊讶的是，他们被几乎一成不变地沿袭至今。

但是上代人还会用自己年轻时的经验和态度去指导年轻人处理问题，这使得这些孩子非常不适。人们认为年轻人在进入青少年时期之前"不需要知道"那些知识，因此对其开展性教育也较晚。这种做法符合目前的现实情况吗？小至七八岁的孩子也一定会经历明显的青春期身体变化，因此他们需要理解这些改变意味着什么。这些处于青春期前期的少年在 10 岁或 11 岁时可能就具备了生殖能力。提供适当的性知识是否是明智之举？我们自身对于青春期性特征的态度受到基于生理和社会心理成熟同步的传统思想的束缚。但是目前乃至未来，两者并不可能是完全同步的，许多人的生理成熟会比其社会心理成熟早上 10 年。仅仅说"他们不需要知道"并禁止对青少年传授相关知识已经越来越不现实。

但是我们需要找到答案——我们应该怎样帮助年轻人解决身心成熟期错位的问题？我们是否应该改变教育孩子和青少年的方法？我们可以从那些鲜有青春期混乱现象的社会中获得哪些启示？在这个信息爆炸的时代，青少年内心潜在的探索意识比以往更加强烈，想要控制年轻人的思想变得更加不切实际，在这种情况下，能否找到减轻年轻人压力的新方法？我们不知道答案，但我们确信，如果继续忽略日益凸显的青春期错位现象，意识不到其根本的、不可回避的本质问题，我们的年轻人和社会将深受其害。

第七章

奢侈的一生

阿尔比市坐落在法国南部塔尔纳河的转弯处，这里最著名的建筑当属哥特式的阿尔比大教堂。这座教堂始建于 1281 年，由阿尔比大主教和副检察官贝纳尔·德·卡斯塔奈（Bernard de Castanet）主持修建。13 世纪初，罗马天主教会为清除这里的"阿尔比派"派出了十字军进行讨伐，到 1281 年左右，"阿尔比派"已经基本消亡。阿尔比大主教和贝纳尔·德·卡斯塔奈因而修建了这座教堂来纪念这一事件。阿尔比大教堂内部装潢极尽奢华，代表了他们对"阿尔比派"极端禁欲主义教条的抗议。从某种意义上说，这座教堂象征着过去可怕的宗教冲突，而宗教信仰上的冲突正是 2 000 年前西方人生活的主要方面。

教堂旁边建有一座美轮美奂的博物馆，它由两部分组成，初看上去这两部分似乎非常不和谐，然而，细思一番会发现，两者共同勾勒出人类这一物种的进化过程。博物馆里最吸引人的是图卢兹-劳特雷克画廊。劳特雷克就出生在阿尔比，他的作品是 19 世纪晚期崇尚享乐主义的巴黎社会的缩影。巨大的油画和海报描绘着巴黎人灯红酒绿的生活：跳舞的人、装腔作势的人、拉皮条的人，还有性工作者（常出现在烟雾缭绕的酒吧里），无一例外都被画了下来。

博物馆的第二层陈列着该地区的文物，其中最小的展品是一座雕像，它毫不起眼，很容易被忽视。这座小雕像由 2.5 万年前一位不知名的天才雕塑家创作。之所以这样说，是因为这一地区正是早期智人卓越艺术才能第一次得到完美展现的地方——距今 1.7 万年刻有精美壁画的拉斯科岩洞距此仅 160 千米。

人们在欧洲西南部的许多地区都发现了维纳斯的象牙雕像，它们大都完成于距今 3 万年前至 2 万年前，是已知最早的一批具象派艺术代表作。这些雕像大多刻画了一个体态丰满（或者坦白地说是肥胖）的妇女，我们可以猜测这种表现手法的目的和意义。当时的人们一般认为，体态丰满的女性是生殖力的象征，代表着慷慨、多产和健康。这些雕像是人们对生殖力更强的女性的渴望，还是人们对物阜民丰的期望？他们所憧憬的社会之富足可能更甚于阿尔比大教堂或劳特雷克油画所反映的奢靡社会。对我们来说，具有讽刺意味的是，早期具象派艺术以胖为美，而现在肥胖却成为最困扰我们的健康问题之一。

环境的巨大变化导致全球范围内越来越多的人饱受超重或肥胖的困扰，尽管一些地区依然面临着贫困。过去几十年中，世界上许多国家与生活方式相关的疾病大幅增加，特别是心血管疾病、肥胖症和成人隐性糖尿病。这些疾病的增加一方面是源自人类越来越长的寿命，因为这些疾病多发于中老年人。然而，近年来我们甚至在年仅 3 岁的儿童中发现了肥胖症患者，这些孩子步入二三十岁时极易患成人隐性糖尿病，即非胰岛素依赖型或 II 型糖尿病。

然而，这些变化最主要的原因在于一种新的生活方式：较少锻炼和更多高热量食物摄入。北美人的平均体重在 20 世纪 90 年代增加了 4.5 千克，据估算，2000 年航空公司为运送这些人须额外增加

16 亿升燃油，并且还出现了新型的诉讼，航空公司因为让超重的旅客购买两张机票而被告上法庭。人们在服装店订制的服装尺寸也与 10 年前大不相同，甚至连马桶的尺寸都要相应更改。现在在西方国家，有超过 20% 的成人超重。1984—1998 年的 14 年间，英国肥胖儿童的比例从 8% 上升到了 20%。甚至在像印度这样处于经济过渡期的国家，城市中产阶级家庭中也有 10% 的儿童面临过度肥胖的困扰。

为什么生活方式的改变会导致疾病风险的增加呢？人类毕竟是几乎能在任何环境中生存的泛化物种，为什么富裕的环境反而导致了疾病风险的大幅增加呢？

人体"发动机"

评价一个人的营养水平不仅要考量其摄入食物的种类和数量，还应该考虑能源供给和消耗的平衡。人体"发动机"依靠能量运转，而能量又来自食物，其中，最主要的能源是碳水化合物。碳水化合物、脂肪和蛋白质，经消化吸收后转化成人体所必需的能量形式——葡萄糖。能量转化通常发生在人的肝脏和骨骼肌中，没有能量，细胞就不能正常工作。葡萄糖进入细胞后，在线粒体（细胞内的"动力站"）的作用下被转化为能量，为身体各项生命活动提供动力。能量是细胞和肌肉活动所必需的，大脑运转也要依赖能量的消耗。能量的另一个重要作用是维护和修补我们的身体组织，例如更新皮肤细胞和小肠内衬细胞。

脂肪、蛋白质和碳水化合物被合称为宏量营养素，如果摄取不足，人体的生长发育就会受到阻碍。宏量营养素也是肌肉、骨骼等组织发育所必需的，同时也为细胞的分裂和繁殖提供了能量。身体的正常发育同样不能缺少微量营养素，如维生素和矿物质。微量营养素对特定身体功能非常重要，它们主要作为特定酶的催化剂或重要分子的组成部分，例如，碘元素对甲状腺激素的正常分泌至关重要。

但是燃料的供给必须与消耗相平衡。如果人们消耗的能量少于摄入量，体重就会增加，多余的能量就会以脂肪的形式被储存在皮下和腹部。如果能量摄入一直超高，脂肪就会在我们的肌肉和肝脏中堆积。这些脂肪是长期能量供给的积存，就像骆驼的驼峰一样，驼峰是骆驼为适应沙漠食物贫乏的恶劣环境进化而来的，同时还可以隔热。

脂肪的能量最集中，这也是为什么动物在需要储备能源时首选脂肪。例如，动物冬眠时，体内脂肪含量很高，否则的话它们就会从冬眠中醒来。这种情况在迁徙的鸟类身上更为明显。每年七月，斑尾塍鹬会狼吞虎咽地吃掉从阿拉斯加半岛潮间泥滩上捕获到的蛤。它们不停地吃，直到体内的脂肪堆积成一个又一个厚圈。同时，它们的肝脏、肾和肠会急剧缩小。当斑尾塍鹬开启跨越太平洋到达新西兰长达 1.1 万千米的迁徙时，脂肪占到其全部体重的 55%。随后，成群的斑尾塍鹬开始以每小时 70 千米的速度不停飞行，4 到 5 天后就会到达目的地。在此期间，它们不吃任何东西，只依赖体内的脂肪，到达新西兰后，这些脂肪已被消耗殆尽。它们的迁徙创下鸟类不间断飞行最长里程纪录。

工业革命以来，人类自身的能量消耗大大减少，而其他形式的能源消耗却在大幅增加，例如电和运输燃料。机器的出现大大减轻了工人体力劳动的负担，成人肥胖症与机动车保有量密切相关。许多发展中国家的妇女和儿童在提水、捡柴火和洗衣服方面仍然可以消耗很多能量，但在发达国家，这花费不了多少力气。在印度和泰国，儿童肥胖症患者越来越多，这是因为走路、骑自行车或其他形式的运动日益减少。即便在空闲的时候，我们也不去运动，而是沉溺于看电视和玩电子游戏。如果儿童和青少年们花大量时间看电视，他们长大后也会面临肥胖症、身体不适和胆固醇过高等健康问题。

身体重量的控制机制十分复杂。人们的体重不同，不仅是因为他们或高或矮，也因为他们存储的脂肪量不同。无论在冬天还是夏天，工作还是度假，人们的生活方式并没有太大的变化，因此人体内的脂肪含量也保持相对的稳定。个体之间的这种差异似乎是天生的，这与我们各自的生理状况有关，而非仅因为能源供给和需求。某些肥胖人士确实食量很大，有些则食量一般，同样的饮食结构可能会让某些人体重减轻，却让另一些人变胖。这种差异源自人体控制能量供给和消耗的系统。正如我们前面讲到的，这一系统形成于个体生命的早期阶段。

前面我们已经谈及物种是如何进化以便能在它们各自的舒适区内生活。人类的能量系统即代谢系统的特点，是人类进化历史的产物，也是史前我们居住环境的产物。我们的代谢系统并不适应现代环境的变化，因而我们有必要仔细探讨这一变化的后果。

节 俭 的 身 体

40 多年前，遗传学家尼尔（Neel）提出，我们的新陈代谢系统与所居住的环境之间存在错位。他认为，基因在我们进化的过程中被选择出来是为了帮助狩猎采集者生存下来。他认为，狩猎采集者经历过丰收和饥荒，尽管前者未对他们造成威胁，但是人类仍选择了"节俭基因"以帮助他们度过饥荒。这些基因影响着一系列新陈代谢过程，包括旨在促进脂肪存储的生理机制。现在，虽然人们居住在食物充裕的现代社会中，"节俭基因"仍不断驱使人体存储脂肪，所以我们就患上了肥胖症和糖尿病等疾病。

现在看来，尼尔的理论前提是错误的，因为狩猎采集者能够根据食物充足与否改变居住地，所以他们的营养状况良好。而后来随着农业的发展，人们开始定居，情况就发生了变化。尼尔"节俭基因型"理论误导了一大批基因工程专家，使他们错误地寻找所谓的"节俭基因"。但也许尼尔的理论有一部分是正确的。因为遗传变异或许对糖尿病的形成确实有一定影响，尽管是间接作用——它改变了个体对其所处环境的敏感度。

早前的一系列惊人发现改变了我们对人类发育过程中环境作用的看法。大约 30 年前，人们在进行一项人口系列研究时意外发现，如果婴儿出生时体重较轻，它们死于心脏病的风险或者在中老年时患糖尿病的风险要比其他人高很多。我们的同事——南安普敦的大卫·巴克（David Barker）在《胎儿的矩阵》（*The Fetal Matrix*）一书中描述了这一发现的过程。最初，许多科学家包括流行病学家在内，都对巴克的研究表示怀疑。人们出生前经历的情况怎么能在 50 多年后影响他们患心脏病或糖尿病的概率呢？很多不同学科的专家们都尽力反驳这个发现，但是这一发现已经经受住了时间的考验，并且现在已经被其他一些研究成果所证实。

在过去 25 年中，我们和其他一些研究人员在实验室的动物身上再现了这一实验过程，为这一论断提供了坚实的科学基础。研究表明，一些生物学特性是由特定基因的表观遗传修饰导致的。

　　这种影响不是单向的。有数据显示，无论是生物从早期物质匮乏的环境中转移到较为富裕的环境中（尽管这种情况更频繁出现，也更受人们关注），还是另一种情况——从营养富足的子宫环境转移到出生后贫困的环境中，都会产生同样的结果。埃塞俄比亚发生饥荒时，那些出生时长得较大的孩子更易患佝偻病（一种由于骨骼中缺乏维生素 D 而引发的疾病）。有限的数据也表明，这些孩子如果出生后面对贫穷的环境，他们患糖尿病的风险就会很高。

　　这些临床观察和研究，关乎一个更宏大的主题——发育中的信号是如何限制和决定人类能够健康生存的环境范围。如果我们居住在这一范围之外，错位就很可能会导致疾病的爆发。这些研究也帮助我们理解发育过程是如何进行的以及如何对周边环境做出反应。这就是"生态发育生物学"，虽然它的发展才刚刚起步，而且主要针对植物、昆虫、两栖动物和爬行动物开展研究。现在我们关注的是，它是否对人类也适用。

在 子 宫 内

　　胎儿能对环境信号做出反应，这种说法我们并不陌生。希波克拉底（Hippocrates）发现，胎儿的健康状况取决于母亲的健康状况。的确，在 20 世纪早期，像斯柏曼（Spemann）和斯道卡（Stockard）这样的胚胎学家就已经发现，胎儿的发育过程中有一段对内部和外部环境刺激非常敏感的关键期。但是很久之后，医生们才开始认真思考胎儿是如何受到外界环境因素的影响的。20

世纪 40 年代，眼科专家诺曼·格雷格（Norman Gregg）在研究先天性白内障病源的时候发现，母亲怀孕时感染风疹会引起胎儿出生缺陷。1961 年，另一个澳大利亚人威廉·麦克布莱德（William McBride）发现，沙利度胺——怀孕期使用的止痛药，能导致胎儿畸形。在 20 世纪 60 年代到 80 年代，由于环境技术的发展，对动物特别是绵羊的子宫内胎儿的研究逐渐深入，使人们对胎儿发育的了解与日俱增。我们发现胎儿可以通过许多其他方式接收外界的影响。如果母亲发烧了，胎儿也会发烧；如果母亲压力大，那么压力激素信号会通过胎盘传递给胎儿（尽管强度有所降低）；如果母亲的营养状况发生显著改变，胎儿也会通过胎盘感受到所传递营养物质水平的变化；如果母亲由于生病或者处于高纬度地区而血氧含量低，胎儿的血氧含量也会下降。这样的例子不胜枚举。

在这一背景下，一系列的科学研究使我们了解到胎儿发育是怎样受到调控的。胎儿在出生前后的发育模式完全不同。成人的高度很大一部分由基因决定，统计数据也表明，儿童的身高同其父母的身高有直接关系。但是，基因对胎儿发育的影响要弱得多，而且其发育控制机制也有差异。胎儿的大小取决于母体子宫内的环境，与基因并无太大的关系，这样才能确保胎儿出生时可以顺利通过骨盆。20 世纪 30 年代的研究中，沃尔顿（Walton）和哈蒙德（Hammond）进行了设得兰矮种马和夏尔重型挽马的杂交实验。实验结果表明，驹出生时的大小取决于母亲的体形大小。近年来，随着辅助生育技术的发展，研究人员用一种更精细的方式重做了以上实验，得到的结论仍然相同。也就是说，胎儿的发育主要受母体环境的制约，而不是受制于她的基因，或者准确说是胎儿的基因。

胎儿的生长最终取决于母体所能提供的养分以及胎盘传输的氧气情况，因为胎儿无法通过其他方式获得食物和氧气。胎盘还必须能够排泄废物。我们现在已经对这一复杂的营养供给系统了解较多，尤其是胎盘完全发挥功能的妊娠期后三分之二时间段中的情况。我们也知道这一系统会受到许多因素的干扰：第一，如果母体健康状况欠佳，那么有限的养分会首先被用来维系母体的需要，胎儿可以吸收的养分自然就会减少。从进化的角度来说，胎儿是可以牺牲的，因为只有母亲活着就能再次怀孕，基因也可以保存下来。但是如果母亲死了，胎儿也将死亡，那么基因无论如何也无法传递给下一代了。第二，这一营养供给系统还要依赖子宫的血液供给。如果母亲生病，子宫的血液供给就会受到影响。第三，胎盘的正常工作也会消耗母亲提供给胎儿的一部分氧气和养分。妊娠期糖尿病或子痫前期症都会损害胎盘血管。此外，疟疾导致的感染也会影响胎盘的正常工作。如果母亲患上这些疾病，只有一小部分养分可以到达发育中的胎儿，而且前提是胎儿的心脏和激素状态都很正常。

因此，胎儿所获得的营养不仅仅是母亲所吃的东西。母亲摄取的食物既要满足自身需要，还要提供给发育中的胎儿，但是，两者的营养需求是不同的。胎盘可以分泌激素，改变母体的新陈代谢，使其减少对糖分的依赖，这样才能有更多的养分输送给胎儿。同时，母体的代谢系统越来越依赖其他形式的营养素，如脂肪。我们知道，在饥荒发生时，如果母亲妊娠中后期每天的食物摄取量低于800千卡，那么胎儿出生时的体重就会大幅降低。

即使是母亲饮食上的细微变化，也能影响到胎儿的成长和发育。在有些发展中国家，母亲的营养状况很差，还要承担大量的工作，因而胎儿出生时体形更小。在发达国家，如果母亲在怀孕期间从事剧烈的体育运动（如马拉松），胎儿出生时就会更小、更瘦。一般来说，适度的运动加上适当的营养摄取是较为安全的策略。此外，一些研究还表明，即使母亲饮食上的失衡没有影响胎儿出生时的大小，也会对孩子以后的生活产生或多或少的影响。

在动物和人类身上，许多重大的基因表达变化都发生在孕期最初几周，包括怀孕6—8周时，此时妇女可能还没意识到自己已经怀孕。这段时期，尤其是怀孕的第一周，决定基因表达的DNA正在经历表观遗传变化，这一变化不仅控制着胎儿以后的发育，还会对其一生产生影响。这一时期也是胎儿基因与环境相互作用最显著的阶段。研究还发现，母亲受孕时的营养状况同妊娠期间的营养状况一样，都会影响胎儿出生时的大小，也就是说，胎儿的发育取决于母亲长期的营养状况。由此产生了一个重要的公共健康问题：既然母亲怀孕前的健康状况也会影响到胎儿，那么我们怎么才能保证优生优育呢？现在，只有不到50%的女性会在怀孕前积极做相关准备。这一挑战不仅局限于女性。有数据显示，环境因素也会影响男性精子的表观遗传变化，进而影响胎儿出生前后的健康状况。

以上，我们关注的只是糖类和氧气这样的主要营养因素，因为它们对胎儿的发育起着主要的调控作用。但是，胎儿的正常发育也离不开脂肪、氨基酸和微量营养素。我们在夏尔巴人身上进行的实验表明了母体碘元素缺乏的后果，如果母亲缺乏微量营养素，胎儿也是如此。因此，孕妇在妊娠早期常被建议补充些铁和叶酸。在世界的许多地区，人们越来越关注维生素A、碘元素、锌元素、维生素B_{12}及其他微量营养素的摄取。

胎儿也可能会营养过剩，当然这只发生在一种情况下，即母亲患有妊娠期糖尿病。如果母亲体内的葡萄糖水平过高（由于已经患上糖尿病或有高血糖倾向），胎儿体内的葡萄糖水平也会随之升高，这会促使胎儿胰腺分泌胰岛素。如果胎儿体内胰岛素水平过高，脂肪就会聚集在胎儿体内（因为胰岛素能促进脂肪细胞吸收脂肪酸）。因此，患有妊娠期糖尿病的母亲产下的胎儿更大、更胖，显然这也为分娩带来了难题。这些孩子出生后也会更胖，患上糖尿病的风险也会比正常人高，而且，他们的下一代也会面临同样的问题。由于胎盘的激素可以改变妊娠期妇女的新陈代谢方式，孕期成为糖耐量异常的高发阶段。由此导致的发生在全球范围内的肥胖症、糖耐量异常和糖尿病的病例增长，已备受关注。

上文讨论了胎儿生长和营养摄取的极端情况，但是胎儿发育是一个持续的过程，胎儿能感受并响应来自母亲的营养信号。在极端情况下，这种反应表现为胎儿生长发育上的异常。但是即便这种信号传递保持在正常范围内，许多细微的变化也会对胎儿的一生产生影响。

胎 儿 的 选 择

母体向胎儿传输营养的方式可以根据母体的环境做出改变，这是进化选择的结果。进化促使所有哺乳动物胎儿具有发育调控机制，但前提是胎儿营养状况与母体营养环境能够形成良好互动。自然选择主要作用于正常怀孕上。因为在过去，母体健康状况欠佳或胎盘功能紊乱都会大幅降低胎儿活到成年的可能性。通过进化，胎儿能够对来自母体的环境信号做出反应，该信号通常反映着胎儿出生后将要面临的环境状况。

我们对胎儿感知环境的结果研究越深，就越会发现胎儿已经在进化过程中形成了根据感知到的情况做出明智的生理选择的能力。我们将这些选择分为两种——一种是可以给予胎儿即时优势的选择；另一种则是对其以后生活有利的选择。我们认为两种选择类型都具有适应性意义，这就是为什么哺乳动物会在进化中同时获取两种选择能力的原因。这两种类型的选择分别被称为短期（或即时）适应反应和预知适应性反应。

短期适应反应可以使胎儿在即时出现的环境危机中生存。有时环境的改变非常短暂，仅仅涉及胎儿的体内控制（自我平衡）过程。例如，如果脐带短时间内纠结在一起，导致氧气供给不足，胎儿会在此期间减少不必要的运动以尽量保存氧气。但是胎儿还要面临一些可能会持续几天或几周的环境压力，这些压力可能是由母体营养或健康状况持续不良导致的。显然，如果营养供给严重受限，胎儿便会减缓发育。这时，胎儿会通过血液供给的差额分配来保证自身生存，他们会限制肌肉、肠、肝和肾的血液供给，从而保证营养能够供给到大脑和心脏，因为大脑和心脏的血液供给对维持胎儿的生命至关重要。如果胎儿心脏不能正常发挥功能，那么血液就不能通过脐带传输至胎盘，胎儿也就无法获得足够的营养和氧气。

大卫·巴克的早期研究帮助我们更好理解预知适应性反应。我们认为，胎儿能够根据母体信号感知环境，并利用这些信息预测他们出生后将要面临的环境。食物供给是一个重要的环境信号，激素变化体现出来的母体压力很可能是另一个重要信号。还有很多其他环境信号是出生1个月后的婴儿才能够回应的，如体液流失、季节和母体行为。举例来说，有些母鼠会为幼仔提供充足的食物，而另一些则不会。前者生下的幼仔与后者的相比，压力激素反应更小，焦虑水平也更低。

胎儿能够对极端的环境信号变化做出即时反应，从而确保自身生存，也能感知到细微的环境变化到并做出预知适应性反应。胎儿努力将其发育形成的生理特征与其未来生存的环境匹配，这样做确实会为其带来生存优势，即最大适切性，并确保基因顺利遗传给下一代。这就是为什么生物通过进化发展出了发育可塑性以及预测的能力。预测对于提高贯穿终身的匹配潜能起着重要作用，因为我们不可能一生都处于塑形阶段。

新陈代谢调控系统的许多方面都是在个体早期发育阶段建立起来的。调控系统的每一部分——食欲、营养分配、不同器官新陈代谢的需要，以及控制新陈代谢的神经与激素等——都受到早期发育因素影响。例如，跟其他哺乳动物一样，人类心脏与骨骼肌的细胞、脂肪存储细胞、甚至肾脏中肾单位（帮助控制血压和产生尿液）的数量，都是在个体出生前被设定好的。

表观遗传变异可以引起基因表达的改变，这对发育过程非常重要。如果母鼠怀孕期间营养状况发生变化，我们可以在它幼仔的组织中发现，与脂肪和碳水化合物的代谢以及激素反应有关的基因表达发生了永久改变，这种改变的部分原因是表观遗传修饰。现在还无法解释清楚这种复杂的发育现象及其长期后果。

发育塑形阶段的这些变化进一步改变了生物体与所处环境之间的匹配程度，使我们可以通过调整自身生理状况来适应预测的环境，这无疑为人类提供了一种生存优势。发育可塑性没有消除基因变异，相反却为其提供了保护。改变表型而非基因型，正是人类为适应环境而采取的方法。

母亲是可靠的目击者吗？

胎儿只能够以自身预测的未来为基础做出选择，而预测又取决于传感系统的可靠性。在反映当前以及未来的外部环境方面，来自母体的信息有多可靠呢？传感系统可以通过胎盘检测到营养物质和压力激素等信号，但是没有任何一个预测系统能检测到所有信号，胎儿的预测系统也不例外。从进化角度来说，这并不重要。数学建模结果证实，在其他条件相同的情况下，倘若预测准确的情况多于错误情况，胎儿仍可以通过这一预测系统获得生存优势。

胎儿或初生婴儿获得"错误信息"的情况也很多。如果胎盘不能正常发挥功能，如母亲患有子痫前期症，输送给胎儿的养分就会减少，此时，胎儿就预测出生后的环境会很差，并相应调整其营养和新陈代谢状况。结果很可能是，调整后的身体仍然与环境错位。现实情况也往往正是这样——胎儿预测错误，由此做出与现实环境错位的选择决定。

母亲吸烟会阻止胎儿的营养供给，从而导致胎儿预测未来环境的营养条件较差。许多女性，即使是在富足的社会环境下，也可能在怀孕时或怀孕早期饮食不均衡。这可能是因为她们想要减肥，或没有意识到自己饮食不均衡，或是由于其他不良的生活方式。南安普敦的一项研究表明，多达 50% 的女性受访者在怀孕期间的饮食是不合理的，低教育程度的女性更是如此。因此，我们应该对这些女性加强有关饮食、怀孕和婴儿健康方面的教育。在日本，婴儿出生时的体重呈下降趋势，这是由于女性怀孕前会节食，因为日本妇产科医师相信，在孕前限制体重有助于降低患子痫前期症的风险。在许多国家，女性在怀孕晚期也会节食，因为她们相信这样可以减少婴儿出生时的危险。全世界范围内，怀孕女性中意外受孕的比例很高，因此很多女性没有做好准备就怀孕了。但是这样做会误导胎儿，使他们对今后要面临的环境做出错误判断。

即使女性饮食非常均衡，其后代的发育、成长还是要受到母体制约的影响。这种现象在每个孕妇身上都或多或少地存在，尤其是第一次受孕、双胎妊娠或在极限年龄（年龄极高或极低）怀孕的女性更能体现这一点。这种制约导致胎儿对营养水平的感知存在上限，从而影响了它可以预测的环境范围。在农业发展之前，这一点可能无关紧要，因为那时并不存在能量密集型环境，但是现在却是至关重要的了。

我们前面已经提到，母体错误的营养信息会误导胎儿，从而产生制约，给我们这个物种的进化带来挑战。因为预测反应往往使我们以为要面临一个比孕期更为艰难的生活环境，因此作为一个物种，我们要提前适应可能比现在更艰苦的环境，这将我们抛向了危险边缘，促使我们储存能量。然而，当我们的营养环境变得富足，预测内容与现实不符的矛盾就凸显出来，结果是，这些出生以前的预测从优势变成了劣势。

改变中的世界

本章剩下的篇幅将集中探讨一种常见的情景——胎儿在贫困的环境下发育，出生后在富足的环境中成长，这使人们在出生后储存过多能量，个体也将面临代谢失衡。

错位可能源自以下几个原因：发育中的胎儿由于母亲患病或饮食不均衡出现预测失误；母亲营养过剩加上缺乏锻炼也会使母体传递给胎儿的信息具有局限性；或者在一代人的时间内环境发生了改变。从印度乡村移民至孟买等城市的青少年会突然处于营养更为富足的环境，而身体活动却大为减少。经济移民和难民经常从较贫困的环境移居到较富足的环境中，他们无法使自身与即将面临的生活方式相匹配。

假设胎儿在发育过程中根据母体发出的信号判断出生后将面临贫困的环境，对于这个胎儿来说，如何反应才是最佳抉择？胎儿会为在营养匮乏环境中生存而调整自身发育和生理需要。他们会减少肌肉生长，尽可能多地囤积脂肪来储存能量，并可能会在将来偏爱吃高脂肪食物。这样做是要付出代价的。由于胎儿采取迅速生长的策略，认为自身会面临较短而非较长的一生，他们的肾单位会发育得较薄弱——以为自己不会存活那么久，因此不必拥有较多的器官单位。胎儿还会降低胰岛素使葡萄糖进入肌肉细胞的能力，以降低肌肉对能量的需求。

实际上，这些变化是很微妙的，有时是肌肉和骨骼发育的细微变化，有时是肝脏新陈代谢方式的微小改变。如果个体生存的环境与预测环境匹配，婴儿体内这样微妙的变化就不会有很大影响。但事实是，婴儿往往会出生在一个富足的环境里，但仍倾向于存储脂肪。这一系列情况综合起来，导致这些微小变化变得意义非凡。

大多数婴儿在出生后体重和脂肪含量都会有所下降，直到5岁时脂肪含量才会"反弹"。因为大多数新生儿在发育时会遭遇一定程度的母体制约，几乎每个婴儿都会面临出生前与出生后环境的错位，重要的是这种错位的范围和出现的时间。出于这个原因，不论婴儿摄取的营养是过剩还是贫乏，都能够使其今后的人生面临惊人相似的后果。

婴幼儿时期，个体的营养仍然主要由母亲提供，母乳质量受母亲健康状况影响。在传统社会，如果母亲患病，初生婴儿死亡率就会升高，如果母亲去世，婴儿大概率会夭折（不幸的是，全世界每年有约 30 万名妇女在孕期或分娩时去世）。婴儿在断奶前后都需要依靠母亲获得食物，还不能离开母亲独立生活。如果出生后还是不能得到足够的营养供给，婴儿就会延长其出生前采用的反应策略，当食物充足时，他们会迅速增加体重。另一方面，牛乳喂养的婴儿也会出现营养过剩，因为牛乳比母乳富含更多能量。最新研究表明，牛乳喂养的婴儿更可能在长大一些的时候变得肥胖。通过这些观察，我们可以得出 3 个结论：首先，由于发育可塑性和预知适应性反应会导致新陈代谢调控系统的永久性改变，因此，生命早期的情况，如营养水平改变，会对人类产生长期影响。其次，即使我们未能掌握足够的新生儿营养知识，也不应该允许婴儿摄取过量脂肪或营养不足。最后，任何情况下，母乳对婴儿的健康是最好的。

新陈代谢失衡

现在，我们已经知道新陈代谢失衡会导致心脏病或糖尿病。在发育时期形成的对高热量、高脂肪食物的偏爱以及这种偏爱对脂肪调控系统的影响会导致婴儿体重增加，并最终使其患上肥胖症。在能量摄入较高的情况下，胰岛素抵抗将损害胎儿的血管内壁，并诱发炎症或动脉粥样硬化。这种损害还会给胎儿造成其他影响，如肥胖症、肾单位数目减少以及毛细血管密度降低等，这些都使胎儿将来患高血压和心脏病的风险大大增加。预测要生于贫困环境却最终生活在富足环境下的孩子会患上肥胖症、胰岛素抵抗综合征及高血压，目前这种现象非常普遍，被称为"新陈代谢综合征"。患有这种疾病的人患糖尿病、心脏病和中风的概率会大大增加，他们表现出的症状越多，他们的寿命就越短。在现代社会中，这种情况日益普遍。

有一点是很清楚的，人类在生命后期罹患的疾病与生理上的微妙改变有关，而这种改变我们可以在其童年时代探寻到根源。越来越多的肥胖症患者会在童年时期便出现征兆，这种现象与发育限制不无关系。例如，第一胎的孩子更易患儿童肥胖症，母亲怀孕期间营养不均衡也会导致儿童在童年和青春期患肥胖症，还会增大孩子以后罹患糖尿病的概率。儿童时期生理上的细微改变，会随着错位程度的加剧显著影响他们未来的健康。现在，孩子们的食物热量越来越高，身体锻炼却越来越少，以前，只有成人才会患"成人隐匿性糖尿病"。而现在，儿童和青少年患这种糖尿病的概率呈明显升高趋势。两三代人以前，这种现象非常罕见，患病案例都被记载在医学杂志上，现在这种现象很普遍，这也是孩子们为自己的生活方式——喜欢看影碟、打游戏而不喜欢踢球，喜欢吃汉堡而不喜欢吃蔬菜——付出的代价。

人类在许多方面都是一个成功的物种，但是我们也为此付出了代价。问题不仅存在于发达国家，因为错位概念适用于一切社会——发展中国家贫困状况得到改善，发达国家则由优越环境变为过度优越。我们看到，新陈代谢综合征在发展中国家也开始流行起来，因为发展中国家营养状况的变化要比发达国家迅速很多。人们预测，到 2025 年，印度罹患高血压的人数会从 2000 年的 1.18 亿人上升到 2.14 亿人，同时，糖尿病患者会增加 3 倍——由 1 900 万人增长至 5 700 万人。这些都使社会背负了巨大的负担，个人、社会、经济和政治都要付出代价。

在印度这样的国家，胎儿出生时体形都偏小。他们预测出生后营养环境会很差，但实际上他们出生后会接触到西方化的饮食或者丰富的亚洲饮食，他们的身体根本无法适应这种剧烈的变化。这些孩子的母亲出生时身体也很小，也经历了同样的营养转变，因此在怀孕时期更容易患上糖尿病。在这两种情况中，胎儿发育不良是问题的起点，个体或母体都是由于营养错位而导致出生时体形较小，且容易罹患糖尿病的。

为什么印度的女性会生下体形较小的孩子呢？其原因之一在于，前几代女性处于贫困状况下，童年时期营养不良和发育迟缓。这些女性在很年轻的时候就可以生育孩子，她们营养状况在怀孕前和怀孕期间往往欠佳，有时还要承担一些工作。由于信奉素食主义而缺乏某些微量元素也是原因之一。错位风险显然与基本的社会、文化和态度问题也息息相关。人们甚至一度认为，印度人易患新陈代谢综合征是由于一个特定的基因，即尼尔所说的"节俭基因"。但是现在研究发现，错位的出现好像与人类所生活的环境关系更为密切。人们看到，新陈代谢综合征在居住于次撒哈拉地区的非洲民众身上也出现了。

解决错位问题

可以通过两种方法来解决错位问题：一是改变胎儿的预测；二是改变个体生命后期的环境，使之与生命早期预测的环境相符。许多国家采取第二种方法，如提倡健康饮食和适量锻炼。这个方法逻辑上很有说服力，但对于许多人来说可能价值有限，为达到匹配而必需做出的调整可能太大，因此并不现实。解决错位问题可能需要药物介入而不仅是改变生活方式才能实现。

　　人们在认识上通常存在这样一个误区：由于母亲处于营养匮乏的环境中，胎儿会预测自己出生后也要面临同样的状况，因而他们在出生后能够很好地应对营养有限的状况。研究结果表明，抑制发育和降低能量消耗是胎儿为应对恶劣环境做出的合理适应性反应，但是这些反应不是没有代价的。如果营养有限，那么孩子的认知功能发育就会受到抑制，感染风险也会增加，这对于发育中的孩子会产生很严重的影响。著名营养学家约翰·沃特罗（John Waterlow）说："现在有人说抑制发育是为了让孩子能够存活下来，他们还将其标榜为适应，这是我们决不能接受的。"我们认同沃特罗的说法。从伦理道德角度看，每个处于这种环境的孩子必须得到正常生长发育的机会，但是必须有合适的营养支持和能量环境，才能使他们避免患上肥胖症及由肥胖诱发的其他疾病。我们还必须找到通过干预胎儿生命早期状况来降低孩子出生时体形较小的概率和出生死亡率的方法。

　　由此，我们可以尝试通过另一种方式来解决错位问题，即通过改进胎儿和婴儿的健康状况来改变它们的预测结果。我们认为这种方法可能更为有效，尤其对于印度这样的国家。在印度，新生儿过小的问题已经持续了好几代，同时印度年轻妇女或女孩社会地位较低，社会对她们也没有投入足够的关注。如果我们能改善她们妊娠期间的营养状况和生活环境，那么她们的后代将更容易与环境达成匹配。可以显著改善孕期妇女生存环境的方法其实很简单，却少有真正应用。这些措施包括，女性应推迟第一次受孕的年龄，直到骨盆发育完全成熟。也就是说，应该至少在初潮到来4年后才开始怀孕，这样才能确保女性有良好的营养状况来完成生育。此外，女性在孕期还要有足够的营养支持，并避免繁重的体力劳动。另一个简单措施就是鼓励人们戒烟。吸烟和胎儿是完全对立的，现有数据已经表明，如果母亲吸烟，婴儿更容易与生活环境发生错位。

我们还可以采取一个更未来派的措施，近期实验研究增加了通过治疗改善新生儿错位程度的可能性。研究人员给新生老鼠注射一种通常由脂肪分泌的激素，这样它们会误以为自己比实际情况更胖。这种方法对正常的幼鼠不起作用，但对于那些由因营养不良而患有肥胖症并存在胰岛素抵抗的鼠妈妈产下的幼仔而言，注射激素可以阻止肥胖症的发展，即使被喂以大量高脂肪食物，也不会发胖。问题来了，这种策略对于人类来说是否同样适用？

在本章中，我们已经阐述了心脏病和糖尿病患病概率升高的原因在于，胎儿阶段的发育塑形和出生后环境之间的错位。我们重点讨论了发育对形成这种错位的影响，但是也提及了一些基因因素。现在，人们已经发现了更多能改变胎儿感知或回应环境信号的基因，至于这种感知能力是否像尼尔最初阐述的那样，源于我们进化过程中的自然选择，还不得而知。

我们也许可以假定，人类这个物种通过进化本可以逃避这样的厄运，但事实却并非如此，可能是因为这些问题没有干扰我们的繁殖适切性。不久以前，只有中年人才会患上这些疾病，那时他们多已完成了生育，进化不能对生殖功能停止后出现的特点进行选择。而且这种错位现象来得太快——长寿是20世纪和21世纪才出现的现象。

尽管我们把讨论聚焦于错位的新陈代谢基础上，但是这些代谢方面的生理变化并不能单独发生。通过调节新陈代谢以使人类与预测的食物供给状况匹配是一个重要方面，但是其他方面也同等重要。正如前一章所述，当预测环境状况欠佳的时候，后代会选择尽快成熟以便尽早繁殖后代，因此那些出生时身体较小的婴儿很可能会出现青春期提前的情况。他们不会对维护自身健康投入很多，因为长寿并不是一个成功的生存策略。因此，出生时身体较小的动物和人类，寿命很可能较短。

进化提供给我们将生命轨迹与我们预测环境匹配的工具。过去，这一工具很有效，可以帮助我们提高繁殖成功率，但是现在，这一工具却正在慢慢失效。人类物种很善于改变环境，但是环境改变的程度已经远远超出我们生理所能应对的范围，而且我们也要为此付出代价。我们真的是在作茧自缚。

第八章

90 岁

根据现有的旧石器时代人类骨骼记录进行推算，当时人类平均寿命应该在 35—40 岁之间。这个数字可能看上去很低，但令人惊讶的是，现代人的寿命与他们的祖先相比并无太大差异。

诺贝尔经济学奖得主罗伯特·福格尔（Robert Forgel）在其著作《摆脱饥饿与夭折》（*The Escape from Hunger and Premature Death*）中，记录了过去 400 多年间人类平均寿命的变化。1725 年，英国人平均寿命仅为 32 岁，而移居到条件稍好的北美地区的人平均寿命却是 50 岁。在 19 世纪初的工业和政治改革时期，英国人和法国人的平均寿命仍然低于 40 岁。到了 1900 年，英、法几乎赶上了美国，但即使这样，两国人口的平均寿命也只有 48 岁。到了 1950 年，英国的人均平均寿命一跃达到了 68 岁，1990 年提高到 77 岁，预计在 2050 年有望达到 90 岁。而日本妇女的平均寿命已超过 80 岁。

随着各国经济的迅猛发展，人类的平均寿命发生了巨大变化。1950 年，印度人均寿命是 39 岁，40 年后则增长到 50 岁，而中国这两个时期的人均寿命分别是 41 岁和 70 岁。大量人口步入中老年是最近才出现的现象。当越来越多的人步入老年，人类将面临全新的年龄结构。

　　人类寿命的变化揭示了许多潜在的错位。我们的寿命是由我们的生理构造决定的吗？身体老化是由于身体器官组织超过自身预期寿命吗？活得过久意味着毒素累积已超出我们能应付的范围吗？女性活得越久绝经后的时间就越长，是她们的生理结构决定了这种情况的发生吗？绝经后的时间延长会给女性带来危害吗？这一系列问题的答案都指向潜在的错位，过早死亡风险的降低导致了这些错位的产生。

疲　劳

　　20 世纪，消费文化蓬勃发展。新型制造加工业与新中产阶层的兴起，为消费品生产（从圆珠笔到汽车）提供了动力，一批新的广告人成为劝说公众购买产品的专业人士。对这些商品的需求会持续吗？这个问题使企业家非常苦恼，因为他们非常渴望销售额的稳定增长和投资的扩大能带来产业的扩张。但是这种现象会持续下去吗？不管今年新款的汽车多么漂亮时尚，也不管食品搅拌机多么精巧，公众的购买需求总有饱和的时候，除非他们想要替换那些旧的烤面包机和汽车。但是，如果这些东西坏了，又修不好，那么市场的需求便会永无止境，否则，制造商将无利可图。我们都十分清楚这个道理。假设你买了一台真空吸尘器，因为它具备你所需要的所有功能——如大功率的发动机（能吸走房间死角令人讨厌的碎屑）、灰尘过滤器、可自动回卷的电源，等等——而且，所有零部件都保修一年或者更长时间。但不管保修期多长，期限一过，这东西就莫名其妙地坏了。如果你拿去维修，零售商告诉你它已经超过了保修期，但是……"我们可以拿去修理，可时间会长一点，而且不确定要花多少钱来维修。你看要不要考虑买个新的呢？"

人类也会经历跟这些消耗品相似的情况。我们年龄大了以后会更容易生病，有时要恢复到生病以前的状况很难。或者即使可以，也要花很多钱。而且这些情况很难预料。人寿健康保险就是基于这些风险要素来承保的。但有两个重要问题值得注意：第一，为什么我们的身体会衰老？第二，影响因素有哪些？为什么人类也会有"青春保质期"，而且在这段时间里我们不容易出现问题呢？由前面的讨论可知，要回答这些问题，不仅要考虑我们成年时期身体的消耗，也要探讨进化与发育的生理过程。

修 复 功 能

发育有可塑性的特点。在一段时期内，为了满足即时需求和预测到的未来需求，我们的身体结构和功能会发生相应变化，但这一时期会在个体完全成熟前早早结束，因为在生理上无限拓展可塑性会付出高昂代价。一旦过了这段时期，人体各部分器官必须进行维护、保养和必不可少的修复。就像汽车厂商只能在规定公里数和转数范围内对一辆新车进行质量保证一样。所以，为了使年轻的身体保持健康，我们需要不断保养并修复任何细微的损伤。最简单的例子就是，如果皮肤被划伤或骨骼断裂，我们必须要进行治疗。但是这个修复过程实际上会更为深入地影响我们，甚至会影响到身体中的每个细胞。

这种修复会不可避免地消耗很多能量，因此不能无休止地持续下去。从进化角度说，一旦生物体完成繁殖，对其投入就几乎没有太大价值了。在人类进化的绝大多数时间里，人类的寿命都较短暂，短暂的寿命意味着几乎没有为衰老的躯体"保修"的压力，就像真空吸尘器制造商不会选择生产永远也用不坏的产品一样。因此，人类在进化中形成的生活史策略，是保护那些更年轻且繁殖能力更强的个体，确保基因能够传递给下一代。

任何汽车终将坏掉，无一例外。与此相似，人体的修复能力也会逐渐下降，随着老年的到来，我们会逐渐感觉到这一点。这种下降在那些最需要被维护的组织中表现得最为明显，如那些不断分裂新细胞的皮肤和肠内壁组织。随着身体的老化，这种修复的效力会越来越低，血管中的细胞也会出现相似情况，因此细胞壁更易受损和破裂。由此，身体重要系统就会逐渐失灵，并最终导致疾病和死亡。

但人类与所有动物不同，他们知道人终有一死。因此，他们会竭尽所能地延迟死神的到来。人们相信宗教上所谓的来世，希望这样可以否定死亡，人们也不再容忍繁育结束后身体机能下降的进化规则。人们很高兴地发现，自己的身体就像汽车一样在年轻时存在"保修期"和修复功能，同时我们希望这个"保修期"越长越好。许多药品的作用都是阻止传染性疾病的蔓延，因为这些疾病会导致人类过早死亡。目前，人类已经可以治愈诸如天花、脑灰质炎、麻疹等疾病，但人类仍在同其他一些疾病进行抗争，如艾滋病、流感、疟疾、血吸虫病等。另外，我们也更加关注一些有助于保持健康的生活方式，如摄取更好的营养、呼吸清新空气、饮用纯净水以及使住处与工作地点远离石棉、辐射、碳化灰尘等的污染。人们还通过立法惩治那些因预防措施不力导致雇员遭受意外的雇主，并开展宣教项目提高人们的安全意识，以避免火灾或漏电事件的发生。结果，在过去100年中，人类寿命大大增长了。最初主要是源自儿童死亡率的逐步下降，后来，每个年龄段人群的死亡率都呈现出了下降趋势。

活 得 更 久

人类寿命延长的代价之一就是在中老年时期罹患疾病的情况迅速增多，这些疾病包括癌症、糖尿病、神经衰弱、心脏病以及由正常衰老带来的骨质疏松症、骨关节炎和智力下降等。其中，一些疾病的产生要归因于人体修复和维护系统的衰竭。研究老年医学的专家对人类衰老的特殊过程持不同看法。一部分专家认为，衰老或者是因为人体已不能再支持其维护功能；另一部分人认为，是由于环境对细胞功能的影响加剧；还有些认为一些组织存在一种内在的衰老过程，注定其寿命有限。尽管人们对于衰老有多种解释，但是最终都归于一种可能性。有一种理论认为，人类要在人体发育、繁殖的投入与修复功能之间进行取舍，我们赞同这一说法。根据这种理论，那些生命短暂的物种和人类应在修复中投入更少，而在繁殖方面投入更多。反之亦然。

一旦个体停止繁育后代，就不会面临选择压力（有一种例外我们稍后讨论），因此也不存在对内在衰老过程的选择。妇女从 35 岁后生育能力便开始下降，更年期后就停止生育。这可能是因为女性在胎儿时期形成的卵细胞逐渐变老，因而生育功能退化。

男性的生育能力从青春期开始后会贯穿其余生，但我们推测，在旧石器时代，男性的生育能力也会随着年龄的增大而降低。有一些证据可以支持这种观点，例如，男性体形比女性更高大，这是竞争对体形选择的结果。更高大、更健壮、更年轻、更健康的男性也许在选择配偶上更具优势，年老的男性就不具此优势。老龄男性如果错过选择配偶的最佳时期，就会像年迈的雄狮一样，被年轻的雄狮赶出狮群，孤独终老。但也有例外，如在一些灵长类动物群体中，年老的狒狒仍然具有统治地位，但不能再进行交配。

在某些社会，人们会有意让那些老人和体弱者死去。然而在有些社会，如尼科巴人和美洲、大洋洲的土著居民聚居区里，年迈的人备受尊敬。在某些社会，老人非常重要，因为他们是部族文化传承所不可缺少的。在干旱等极其恶劣的条件下，智慧、经验和知识对生存至关重要，而我们往往仅能从年长者身上学到这些东西。我们对以雌象为首领的非洲象群进行了研究，发现祖母象可以传递族群中的重要信息，例如，即使之前与某些象群接触很少，它也清楚地知道哪些象群没有威胁。

人类在进化中形成了这样一种生活史策略：小规模群居于森林边缘地区，照顾那些与其他动物相比头部较大、成长缓慢的后代。这意味着我们必须将两次怀孕的时间间隔开来，但即使这些孩子长大了，旧石器时期的母亲们仍然会照顾他们直到其完全成年。因此，他们后代的存活率高达50%，是动物界中存活率最高的物种之一。这种生活史策略促使人类父母会致力于维系更为稳定的家庭结构，而且父亲也会参与到抚养孩子的过程当中，这样做不仅仅出于无私，也是因为这能确保他们的基因遗传受到保护。尽管在我们将近50岁的时候，更容易因外伤、难产或是传染而死亡，但是无论如何我们应该早已经完成了繁殖后代的任务。

在过去，人类大都会在35岁之前完成生育，而寿命也不会比这个年龄长很多。在这个体系中，几乎没有进化的压力。尽管有些个体会活得更久，但事实上，35 岁以后修复机体使其正常发挥功能要付出潜在的重大代价。这可以解释为什么我们的修复系统的能力在中老年时会慢慢下降，正是这种下降导致了成熟过程中错位的出现。现在，我们的寿命要比旧石器时期人类的平均寿命多两倍，而我们的修复系统本没有这样的功能，因此根本无法应对。

衰 老 与 平 衡

为什么人类的身体会这样运转呢？很多物种的寿命大大超过人类。如鹫能活到 80 岁，白鲟鱼能活到 100 岁以上，乌龟也能活到 150 岁。大红杉树、加利福尼亚的针叶狐尾松、新西兰的杉木能存活千年以上，石炭酸灌木甚至能活到 1 万年以上。

长寿有家族遗传倾向。来自波士顿的研究发现，40 岁以后仍可以怀孕的妇女活到 100 岁的概率比其他人要高 4 倍。其他研究发现，绝经期较晚和长寿之间存在正相关关系，而绝经期较早则标志着寿命较短。这些研究表明，如果女性在年龄较大时仍具备生育能力，这意味着有某种遗传决定因子决定其生命节奏较慢。研究人员用果蝇、蛔虫和老鼠做了一系列实验，结果发现可以人工干预动物寿命，使其活得更长，这证实了遗传决定因子（与发育和新陈代谢有关的基因）的存在。这项发现一度令人震惊，但细细思索，这个结果其实也在意料之中。发育中的生物能在不同的生存策略中进行取舍，对环境信号做出反应，进而调节该策略下的进化方式。如果身体预测到环境中存在威胁，那么就不会在生长发育、新陈代谢、修复和长寿方面投入太多，而是加速繁殖。相反，如果有良好的环境，身体机能就会投入更多，使自身拥有更长的寿命。因此在对老鼠的实验中，出生以前的营养不良会导致其寿命大大缩短，而出生后的营养不良会明显地延长其寿命。

　　现在有一些间接证据表明，人类也会对不同的生存策略进行权衡。例如，青春期明显提前的女性在中年更易患糖尿病。这与我们的猜测不谋而合。以胎儿对环境的预测为基础而采用的生存策略会与现实中的富足环境产生错位，这种错位会使其青春期提前（如第六章所述），并增加其患糖尿病的风险。此外，这种预测会促使胎儿采取"快速成熟"的生存策略，使其减少对自身修复和维持的投入，从而导致其寿命变短。的确，那些出生时较小的婴儿往往寿命更短。

　　对不同生存策略的权衡也有助于我们理解为什么衰老会影响某些组织器官。例如，骨密度的形成就是适应策略的一种，强壮的骨骼可支撑强壮的身体。人体的骨矿物质含量在三四十岁时达到高峰，然后便开始下降，在妇女绝经期后会下降得更为迅速。这表明，骨密度在人类（无论男女）生育结束前非常重要，而在老年时期其重要性会有所降低。但如果胎儿出生前所处环境欠佳，其对骨骼发育的投入就会减少，老年时患骨质疏松的风险就会大大增加。因此，那些出生时较小的婴儿更容易患骨质疏松症，在老年时也更易出现骨裂。

疲惫的大脑

　　人类胎儿时期的脑细胞数量大大超过成人时期的数量，这些细胞会从出生时开始逐渐减少，因为它们从本质上说是无法再生的。大脑中含有一些干细胞，它们有助于维持人类大脑的正常运转。遗憾的是，这方面的证据微乎其微。某些鸟类的脑细胞则可以终身进行更新，通过井然有序的干细胞诱导过程使老细胞死亡，新细胞取而代之。

　　研究人员在实验中发现，一些处于恶劣子宫环境中的动物的大脑呈现出与人类不同的变化：某些大脑区域中细胞的数量、神经键的数量以及大脑白质神经纤维的数量都会减少。研究人员使用成像技术对生长迟滞的胎儿进行观察，发现这些胎儿的脑半球更小，脑灰白质更少，出生后似乎也赶不上正常婴儿的大脑发育。也许这可以解释为什么生长迟滞的胎儿会在以后出现认知、注意力和学习方面的障碍。这是否意味着人体子宫中也存在某些权衡？难道是由于胎儿预知出生后环境欠佳可能导致其寿命缩短，便没有在脑部发育上投入更多，以至于大脑的灵活性、存储能力和代谢需求有所下降吗？过去，出现生长迟滞的婴儿死亡率很高，但现在绝大多数都能幸存。这种源自胎儿生命早期权衡的错位，是随着儿童幸存率的升高才凸显出来的吗？

　　我们可以进一步探讨这个问题，尽管不得不依赖一些推测。人类出生时的脑细胞数量是与45—50岁的寿命相匹配的，这是人类在进化过程中逐渐确定的。但是，当我们活得更久时，大脑的容量并未在出生时有所增加。这会是为什么我们一旦超过一定的年龄就会患上痴呆症的原因吗？另一方面，有证据显示，大脑可以在学习和填字游戏等的刺激下保持活跃，减少脑细胞的流失。也许这是因为活跃的大脑可以产生生长因子阻止细胞老化，这或许说明我们确实拥有克服因衰老而引起的认知损伤的能力。

　　最常见的神经退行性疾病是阿尔茨海默病和帕金森病。尽管有一些证据证实，抗病毒制剂、有毒制剂和遗传因素能引起这些疾病，但我们并不能肯定其确切病因。然而，与衰老有关的疾病可能由以下两个原因导致：一是由于脑部所受损伤逐渐累积，二是因为正常衰老导致大脑储备能量下降，大脑功能退化。年轻人很少患这些疾病，由此可见，这是我们寿命延长的直接后果，但我们也不清楚是哪种生理机制在起作用。

此外，修复失败也可用于解释体内其他系统的衰老。与衰老相关的疾病可看作是一种权衡——人们在前半生竭尽身心之力，又在后半生休养身心——所产生的代价，也是几十年来现代生活对人类健康的挑战。

更长时间的接触

癌症是由于细胞生长失控而导致的疾病。随着年龄的增长，人们患癌症的可能会普遍增大。每次细胞分裂都有损害 DNA 的风险：或是复制过程出现错误，或是染色体中的遗传信息出现分类错误。所有细胞，除了没有细胞核的血红细胞外，都能通过酶来维持 DNA 的完整，纠正复制中的错误。但随着年龄的增长，这种功能逐渐下降，因而复制错误和氧化或毒素等所产生的损害便更易产生。这就是一些癌症的早期变化，它们不可避免地影响着分裂最多的细胞，如表皮细胞和肠、肺、膀胱、生殖器官的内壁细胞。

癌症也可以通过另一种途径产生，即在人类发育和进化错位中形成。一些癌症看起来是由于人体暴露在有毒和辐射的环境中引起的，这样的现代环境是我们祖先在进化时并没有经历过的，也许我们并不具备必要的修复功能来解决在这种新环境下如何生存的问题。现在，皮肤癌的发病率越来越高，包括在澳大利亚等国家出现的恶性黑素瘤，其病因就与大量的日光浴和大气臭氧层空洞增大有关。

　　肝脏的功能之一是清除体内的有毒物质。一些物种在进化时期形成了某种身体机制，可以处理环境中的特殊毒素，例如，生长于澳大利亚西南部的毒豌豆中氟乙酸盐毒含量很高，纹兔袋鼠能够愉快地吃掉这些植物，而它们的天敌——澳洲野狗、狐狸和其他可能成为食物竞争者的动物，即使食用微量的毒豌豆也会致命。帝王蝶以马利筋为食，这些植物含有心脏毒素，但对它们却没有任何伤害，还可以保护它们免遭捕食，因为它们吃掉这种植物后会变得有毒，其天敌一定能够意识到这东西吃不得。

　　我们也有相似的毒素净化系统，这些系统基于我们所处的环境进化而来，但并不能帮助我们处理现代化学毒素。我们才刚刚开始了解环境中许多新毒素对发育所产生的影响，如塑料中未脱毒的双酚 A 可能在胎儿早期发育中干扰其激素水平，导致男性不育和男性生殖器发育不正常，还能增加女性乳腺癌的发病率。吸烟的人还会接触到另一种毒素。这种形式的错位之所以产生，是因为我们接触和吸收了那些自身无法解毒的化学物质。

　　饮食不均衡也与许多癌症的形成有关。我们现代的饮食中纤维和抗氧化剂含量低，由此就会导致一些癌症，特别是结肠癌和胰腺癌。摄取过多高热量食物也能促使某些癌症生长因子的生长，尤其是乳腺癌和前列腺癌。出生时较大的婴儿罹患乳腺癌的概率确实更高，有人认为，这是由于这些婴儿预测自身将面临富有的环境，为提高生存和繁殖竞争力，增加了生长因子的数量。

绝 经 期

　　绝经是身体的信号——它表示女性到达适度年龄，可以自然终止生育。但是为什么妇女会有绝经期呢？研究表明，绝经期出现的时间在过去的一个世纪相对稳定，在女性 50 岁左右。对于旧石器时期妇女何时绝经我们仅能猜测，但非洲卡拉哈里沙漠狩猎采集者部落里的布须曼族妇女的绝经期时间较早，大约在 40 岁时就会到来。这一变化意味着遗传因素决定着绝经期出现的时间，还是说明不同环境（采取了"快速成熟"的策略）的影响导致了绝经期出现时间发生变化呢？有证据表明，吸烟或提前发育等环境因素能影响绝经的时间，但这种影响并不显著。尽管现在发达国家的妇女也吸烟，其绝经的时间与 20 世纪相比并无大异。

绝经期指女性月经绝行不止的时间。但在绝经之前，女性的生育能力已经开始下降，最后的几个月经期也不会使其怀孕。一旦卵巢不再释放具有生育能力的卵细胞，绝经期就不可避免地到来了，性激素分泌的循环模式也就由此结束了。不久之后，由于性激素分泌停止，子宫内膜生长的周期性循环也随之结束。因此，绝经标志着卵巢功能的结束和雌激素与黄体酮激素分泌功能的丧失。缺少卵巢激素给绝经后的妇女带来一系列变化，包括皮肤变薄、阴道干燥和骨矿质的流失。

绝经在本质上说是人类所特有的。在野生物种中，只有领航鲸（也叫圆头鲸）的大部分雌性会完全停止卵巢功能。这种鲸大约在 40 岁开始绝经，但寿命大约在 50 多岁。许多其他物种的生育能力会也随着衰老而下降。非洲雌象 50 岁左右生育能力会下降 50%，但仅有 1/20 的雌象能活过这个年龄。恒河猴也会在 20 岁左右开始出现生育能力下降的现象，但这大概也是它们的平均寿命。据报告，动物园中的大猩猩也有绝经期。但问题是，野生动物与人工饲养动物的平均寿命会有很大不同。如野生老鼠的寿命一般不超过

300 天，但在实验室中却可以活到 600 多天。因此，动物在野生状态下并不会出现卵巢功能完全丧失的情况，但在实验室中由于寿命更长，这一情况就出现了，也许人类也是如此。

所以，绝经期出现原因存在相当多的解释难点：这是个进化中的偶然事件，还是由于我们本应该寿命较短，但现在却延长了寿命，因此出现了错位？或者是为了给予我们一些特殊的适应优势，进化才选择了绝经的发生？

我们不能简单地把绝经期理解为与青春期相反的时期。青春期是由于脑垂体的刺激产生促性腺激素，使女孩卵巢正常发挥功能，而绝经期是在脑垂体刺激系统功能依然正常的时候，卵巢功能出现下降的现象。因此，女性绝经后促性腺激素仍在分泌，导致了某些绝经后症状的出现，如潮热等。这或许可以帮助我们理解青春期时生育能力如何产生以及绝经期时生育能力如何丧失。许多物种，如绵羊等季节性繁殖的动物，在每个繁殖季节反复开闭脑垂体都没有问题。而人类只能开闭两次：在胎儿时期促性腺激素活跃，促使男性和女性不同生殖器官的形成；在婴儿时期关闭；而在青春期时又开始活跃。由此，是否可以这样说，如果绝经期的出现是进化选择的结果，那么终止生育功能的最佳方式就是再次触发脑垂体机制。但事实并非如此，因此我们还是要面对这个难题：究竟绝经期是人类进化的产物，还是人类寿命延长带来的偶然副产品？

让我们分别对这两种可能性进行一下分析。首先，人类寿命延长导致了绝经期的出现。我们可以这样进行论证：进化使人类具备了某些生活史策略，这些策略产生的前提都是人类在 30 岁时会完成生育，而如果寿命增长，选择压力会降到最低。由此，进化决定了人类寿命为 35 岁左右（不包括儿童夭折的情况）。在过去，很少人能活过 51 岁，而这个年龄正是现代女性出现绝经期的年龄，因此或许过去很少有女性能够活到这个时期。我们在前面关于衰老的讨论中提到，生物会权衡是将有限的能量用于维持细胞寿命和机体正常发挥功能，还是用于繁殖后代。卵细胞在卵巢中必须通过其他细胞的养育才能存活，也只有这样才能排卵。似乎是由于进化作用，我们的卵细胞才会最多只有 50 年的存活期，其中很多卵细胞在到达这个期限前就丧失了使人体生育的功能，或者功能下降。要有足够的卵细胞存活，才能保证正常的生育，而超过这个年龄后，卵细胞再消耗能量就是没有必要的浪费了。

再看看另一种可能性。女性在绝经期之前（约 35 岁左右）就会出现生育能力下降的现象，这是卵细胞衰老的表现，但也是一种适应优势。因为母亲需要将孩子抚养成年，以便提高他们成功繁衍后代的可能性。如果母亲及时停止生育来抚养其最小的孩子，后代存活率和存活的数量就能显著提高。与冒险生育下一胎相比，优化孩子存活率是个更好的策略，因为生育孩子的风险会随着年龄的增大而变大。如果母亲继续生育孩子直到死亡，那么她的孩子就不大可能存活。因此，从进化的角度来讲，女性最好能在死亡到来前尽早终止生育，以便更好地养育已经出世的孩子。

"（外）祖母假设论"（grandmother hypothesis）是对女性出现绝经期的另一种解释。克里斯汀·霍克斯（Kristen Hawkes）是来自美国犹他州的人类学专家。他和其他一些人认为，人类之所以有绝经期后期，是因为外祖母能在自己孩子成为母亲时，留在她们身边，帮助照顾下一代。外祖母的存在能使其女儿更容易地养大孩子，可能外祖母只是帮助母亲日常照顾孩子，或者将自己的经验和相关知识传授给这些母亲（实际上就是一种文化的传承）。如果祖母效应是以遗传为基础的，那么从中受益的子孙就更有可能存活，并将母亲的基因遗传给后代（外祖母的基因间接的遗传给后代）。因此，进化过程中，那些完成生育的外祖母会帮助初为人母的女儿养育下一代，而对这一过程有价值的特征就会被选择出来。

在西非和加拿大的法语省（即魁北克）进行的研究发现，外祖母的存在确实能帮助孩子存活。但旧石器时期的人类骨骼标本表明，当时很少有人能活过 45 岁，而所有健康女性绝经期出现的时间都在 45 岁以后，这种现象似乎与"（外）祖母假设论"相悖。研究人员对中国台湾农耕部落家庭进行数学建模研究后发现，单纯靠（外）祖母效应不能解释绝经期的起源，因为它所带来的适应优势并不能促使人类在进化中形成这样的特点。然而数学建模的价值十分有限，我们并不能据此就下结论。如果在建模中考虑到祖母辈帮助其子女照顾后代的优势，加上母亲为了养育幼子而活得更久并在死亡前几年中不再生育的现象，相关模型就能够揭示绝经期存在适应起源的可能性。这个问题一直是科学家研究的热点。

总而言之，就像衰老及其带来的后果一样，绝经后期是我们之前的进化设计和现在真实生活之间错位所带来的必然结果。进化过程决定了人类寿命较短，我们原本几乎没有任何为长寿而维护机体功能的压力。但是人类运用其聪明和智慧，使自己可以活得更久。随着寿命的延长，人类不得不面对更多的错位现象。我们现在要做的就是找到安全的方法来尽量摆脱错位带来的不良影响。

女性停经症候群的出现使问题雪上加霜。女性一生中大约 35 年的时间里卵巢激素都在起作用（从青春期开始），如果没有这段时期，那么女性绝经期后的激素替代疗法也许会导致更严重的错位。毫无疑问，持续使用替代激素会对健康造成严重影响。另一方面，如果绝经期是更长寿命的副产品，那么女性在整个成年时期都要分泌雌性激素就是进化选择的结果。

长 寿 的 挑 战

快速增长的平均寿命对于所有社会来讲都意味着资源分配的改变。社会结构正经历着巨变：退休后身体依然健康的人群比例增多，而越来越多的孩子推迟进入工作领域的时间。社会正极力寻找赡养老人的最好方式。他们应该住在什么样的社区？通过开展哪些活动来保持他们身体的健康以及继续为社会做出贡献？我们怎样才能最有效地利用这些人的知识和专业技术？

我们面临的难题之一就是医疗保健资源的合理分配。因为长寿的人越来越多，这意味着患慢性疾病的人也会随之增多，而这些病人需要照顾，尤其是那些患有痴呆等退行性疾病的人，因此他们必将占用大量的医疗保健资源。那么如何支付这些病人的护理费用？养老金不可能支付所有费用。长期以来，人们从理论上认为养老金是可以支付所有费用的，但是事实远超过所估计的费用，因为估算费用时所假定的人均寿命比现实中的人均寿命要短。因此，人们越来越担心资金的短缺会导致退休后的生活更加贫困，但是人们至今还未找到这个问题的有效解决方法。许多工业化社会的老龄人口已经是社会中最贫穷的群体了，所以情况很可能变得更糟糕。或许提高退休年龄会有帮助？这也许会适合一部分人，他们到达退休年龄时身体依然健康。但问题是许多人不想工作那么久，也许他们希望享受更长的退休生活，其中很多人已经计划着退休后的生活了。

社会的人口结构在各个方面都发生着改变。对于我们（包括写下本书的两位老人）来说，社会的改变是巨大的，我们被包围在以年轻人的文化为中心的环境中。西方的政治家们现在开始考虑如何吸引那些"灰色选票"（即老人的选票），家庭的需求也在悄无声息地变化着。与 20 年前相比，孩子要照顾长辈更长时间，这在生活方式和资金方面都使他们承受了更多的压力。老人的家庭资源也岌岌可危，他们工作了一辈子才付清了房子的抵押贷款，但现在却要卖掉它们来填补其逐渐增加的医疗护理费用。与此同时，他们的孩子正处于花费较高的生活阶段，如交付大学学费等。而孙辈的孩子，现在还很年轻，也许需要为他们以后的房子攒钱，或者为开辟事业而积累资本。西方世界的多数结构是建立在对资本继承的投资期待上，而这种期待正在改变，我们必须用某种方法去探讨期待与现实之间的错位。

我们不得不在质疑中结束此章。现在，老龄人口正在吞噬着下一代的资源，使他们的健康背负沉重的负担。我们已经看到，许多在人们中年时期出现的健康问题可以在其生命的早期阶段找到原因，而要改善人们生命早期阶段的健康状况也需要占用社会的资源，但是老年人对这些资源的需求也在不断增加。解答有关衰老的错位真的是个难题。

第九章

匹配与错位

　　错位范例使我们改变了思考自身在这个世界上所处位置的方式，也为我们提供了理解人类生存条件的新思路。在很多方面，我们都与居住环境之间存在错位，而且这种错位与日俱增。由此，我们可以得出一个最简单的结论，那就是，健康、长久的生命要求我们在生理上与环境尽可能地匹配。但矛盾的是，长寿本身又迫使我们不得不在生理上做出某种妥协，这样的错位都是由于我们这个物种的种种成功所带来的。许多物种的进化都遵循了从诞生、兴盛、式微直至消亡的历史进程，而我们希望人类的独特智慧可以帮助我们逃脱这样的宿命（尽管一些西方政客对于全球变暖等类似事件的回应让我们对此缺乏信心）。

　　想要使环境与自身更加匹配，我们面临着一个基本的挑战，即我们不能够逾越进化和发育对于我们身体构造的限制。卡努里和夏尔巴人的境况证明，我们的先天能力不能够战胜某种自然产生或人为造成的错位，但是我们绝不可以因此就悲观失望。错位问题的很多方面就是由于人类的健康状况比过去好而造成的。卫生学、医疗保健学、营养学和医学的发展使得我们可以活得更为长久；我们已经努力控制，甚至是根除了一些传染性疾病；此外，很多疾病都有特殊的治疗手段来治疗，所以我们仍然可以保持乐观。毕竟人类已经取得了这么多的成就，他们还可以取得更多的成就吗？我们无须接受寿命延长使人们忍受多年慢性疾病的现状，我们应该可以实现每个人的理想——那就是尽可能活得长久，尽可能健康地生活，然后尽可能平静地死去。

遗传和发育的复杂过程使得动物和植物进化并适应身边的环境，我们也不例外，不同的是，进化赋予了我们改变环境的能力，而这种能力给我们带来的不只是好处。匹配得当意味着最佳的生存状态，但是正如我们所看到的，自然环境、营养环境和社会环境都在随着时间不断改变。随着时间的推移，我们这个物种对周围环境的影响日益深远，这些都迫使我们从不同层面重新考虑人类的生存条件。新的思维方式带来了新的挑战和问题，但是这也预示着新的解决方法的到来。

我们需要认识到，人类居住的多数环境已超出自身内在控制系统能够承受的范围，而这个范围是在进化过程中就已经形成了的，我们在介绍新陈代谢错位论述了这一点。尤其是在过去的几年内，环境的很多方面都已在人为作用下发生了巨大的改变，所以，可塑性和适应能力的进化选择过程无法应对也就不足为奇了。在前几章，我们阐述了青春期来临的时间、寿命的延长以及绝经期的出现都是人类与生存环境之间存在错位的体现。这些错位说明了进化为人类的生理状况设定了一个模式，而环境却为其设定了另外一种模式——就像是一个管弦乐队试图按照不同的指挥（不同的节拍）来演奏一样。

人类要为错位付出代价。错位范例的后果可以在青春期的时候表现出来，它使年轻人在生理上过早成熟，比社会认同他们成人的年龄要提前很多。他们的行为及我们对他们的态度会带来什么结果呢？我们对年轻人的道德要求和态度形成于与现在不同的年代中，那时错位还并不存在。新陈代谢的错位结果可以在个体生命后期的慢性非传染性疾病中表现出来，如许多社会中存在的（或正在出现的）地方病——心脏病、肥胖症、糖尿病等。随着老龄人口数量的增加，这些疾病也在逐渐增多。然而，饱受这些疾病折磨的不仅仅是社会的老龄成员，目前，甚至幼童和十几岁的青少年也经常出现肥胖症等疾病。他们将来的健康如何保证呢？社会又会如何承担这些疾病的代价呢？寿命大大延长使我们的内在修复机制与生命过程出现错位，而更年期延迟的现象也越来越普遍。我们不禁要问，社会将如何应付人口老龄化导致的老年疾病日益增长的问题呢？

错 位 的 范 围

在前几章中，我们描述了错位的重要范例，其实还有很多其他范例没有提及。一旦我们开始思考这些范例，我们就会从不同的角度看待很多影响人类生存条件的因素。为了使其不再同前几章重复，我们将直接阐述另外 3 个具有重要意义的范例。

人工喂养婴儿的悲剧说明，即使出于善意，如果方法不当也会导致错位。西方食品公司说服妇女，使其确信人工喂养婴儿比母乳喂养好，并鼓吹这样做是社会和经济发展的标志。希望婴儿健康成长的妇女接受了这种宣传。我们现在知道，这种做法带来了错位，并使婴儿付出了健康乃至生命的代价。所有的哺乳动物在进化中都形成了断奶前母乳喂养的固定模式，而用其他动物的奶喂养人类婴儿不能与人类婴儿的体质匹配。母乳在进化过程中形成了符合婴儿营养需求的特殊成分，而不同物种的婴儿生长模式和营养需求差异很大。牛奶比人奶的热量高，蛋白质浓度也较高，用人造配方奶粉或牛奶喂养婴儿会产生一些长远的后果。我们有充足的证明显示，人工喂养的婴儿更易感染传染病，长大后也更容易患肥胖症，认知能力发育较差，感染疾病的风险性也更高。其实，这是一种简单的错位，完全可以预防，最简单的解决方法就是坚持母乳喂养。

另外一个例子阐述了现代化生活方式或环境的转变如何导致错位产生。青少年假性近视或校园近视在现代狩猎采集者社会中十分罕见，但 1/4 的因纽特人孩子步入校园不久就被查出患有近视。为什么会发生这样的事情呢？我们知道这样的近视通常发生于 8—14 岁的青少年身上，发育中的眼睛与晶体的伸缩能力不符，以至于看远处物体时模糊不清。一般来讲，发育中的眼睛可以根据视网膜聚焦的变化准确地调整眼结构，使聚焦重新形成，但是患近视的孩子不能正常控制它的发育。在某些群体中，约有 80% 的青少年都患有轻微近视。这不是由于遗传产生的，因为在过去的几十年中，中国台湾在校学生的近视率大幅上升——他们在基因上十分相似。相反，我们认为近视人群的增加与城市化和教育程度逐渐升高有直接关系——因为读书越多，使用人工灯光越多，患近视的人也就越多。所以即使我们当中存在易患病体质的人，那在大概过去几千年中，我们的祖先也是一样的。因此，可以说现在患近视人数的激增，是由于孩子在发育过程中长时间近距离工作，或者在人造灯光下工作而产生的。为什么会有这样的问题出现呢？早在书写和精密仪器产生之前，人类也需要具备正常视力和远视视力——只是我们的祖先可不像我们读那么多书。但是现在的学校和家庭作业"欺骗"他们的眼睛，使其认为需要设定焦点（因此便开始发育）来适应近距离的视野。结果，我们当中的很多人都在错位中成长，不佩戴眼镜或是隐形眼镜就无法看清楚我们身边的环境。

让我们再看一个心理错位的例子。人类在进化过程中形成了需要在一个小范围社会生存的需求，50—120 人就可以组成一个旧石器时代的部落，当时大多数的部落规模更小。但是我们现在却生活在庞大的集体中——有时被紧密包裹在层层堆砌的小盒子里，日益分化的社会阶层和各种各样复杂的交往是以前的人们见所未见、闻所未闻的。我们的大脑如何应对这些挑战呢？精神疾病在多大程度上反映出了进化中的大脑与这些巨大社会变化间的错位呢？一些心理学家相信，这样的错位确实是某些精神疾病的根源。然而，我们必须将这种说法与生物社会学领域某些研究人员得出的错误结论区别开来，后者尝试用新达尔文主义的观点解释人类的大多数行为。适应主义者认为，人类行为的生物社会学解释是错误的，对此我们表示赞同。正如前文探讨过的，行为发展具有很大灵活性，人类能够成功生活在不同社会结构中，对于文化的学习能力也很强。

基 因 与 环 境

目前为止，我们对于基因（先天）和发育环境（后天）之间的互动关系考虑得过于简单。我们把发育视为环境因素与表型表现在发育各阶段一系列的相互作用，反过来，表型又表现出先前的基因和环境之间的相互作用。这种相互作用并非只在胚胎阶段存在，而是从父母和祖父母那时便开始了（通过外生或非基因的遗传过程起作用）。有时，基因与发育环境的相互作用不仅会导致即时的表型变化，而且会带来延迟反应，产生哪种情况取决于预测的准确性。所以尽管我们的基因模板都很类似，但是我们发育和活动的方式却是五花八门。

一些选择因素并不是绝对作用于物种性状本身（如兔子的耳朵），而是作用于生物为回应具体环境刺激而改变某些性状的能力（比如在发育中为了适应温度而调节耳朵长度的能力）。因此，即使基因型相同，环境的细微变化也会造成生物表型的多样化，尤其在其生理层面上。发育可塑性的真正作用就在于，使环境与生物体回应环境改变的能力更加匹配。

但是，如果每个微小的、短暂的环境变化都带来长期的不可逆转的生理变化，那么对生物而言这并不是生存优势。发育可塑性的顺序式在生物发育塑型最强的时期降低了环境的影响，因此回应环境的策略要经过一段时间才能确立，而不能即刻产生。这种平稳的过渡有助于提高预测的准确性，因为预测是基于对环境的总体评价的。所以基因型只是为生物发育成熟的表型提供了基本的条件，外生过程和其他形式的发育可塑性促使表型与环境达到更好的匹配。但是正如我们所见到的，某些表型并不能帮助生物更好地适应环境。

生活史策略会随个体不同而有差异。有些女孩 9 岁开始月经初潮，有些则 16 岁开始；有些人的个子很高，有些人很矮小；有些孩子发育很快，有些则很迟缓；有些很瘦，有些则很胖；有些人骨骼粗壮，有些则十分单薄。肾脏过滤单元的数量和大脑记忆区中细胞的数量在不同的个体间也存在着差异。此外，有些人对压力反应过大，有些人的反应则没有那么强烈；有些人活过 100 岁，有些人还不到 50 岁就离世了。遗传是造成这些差异的原因之一，家族成员都很高大的奥秘在于基因中含高水平的生长促进激素，因为控制这些激素和调节器的基因控制区域存在个体差异，但是，这些差异产生的主要原因还是发育可塑性。正如我们前面谈论过的那样，胎儿发育和青春期之间以及胎儿发育与晚年身体素质之间都存在紧密的关系。这种发育塑形过程对生活史策略进行调整，就是为了使个体与预测环境相匹配，即使预测并不总是准确无误的，兹事依旧体大。

错 位 范 例

人类与其他物种的错位范例都基于同样的生理过程，承认这一点非常重要。首先，这意味着对动物的研究或许可以帮助我们了解我们的困境。其次，这也提醒我们，环境的变化不仅给自己带来了潜在的错位，也给其他物种带来了错位。众所周知，从旧石器时代开始，人类由于过度捕杀已经造成了很多物种的灭亡，现在，雨林和其他生态系统的破坏严重威胁着更多物种的生存环境。但是，还是有人认为，我们为自己创造的错位与其他物种面临的错位之间毫无关联。实际上，即使是很细微的环境变化也能使处于错位状态的物种数量发生实质性的改变。1966 年，人们在哥斯达黎加蒙特韦尔德云林中发现了巨大的金蟾，仅仅 20 年后金蟾就灭绝了。金蟾一年中的大部分时间里都生活在地下，仅在 4—5 月间的白天到地面上繁殖。为什么他们会灭绝呢？由于全球变暖，雾天急速减少，当金蟾白天出没于地表时，它们的皮肤很快便会干裂，造成致命的伤害。不幸的是，由于人类对环境的破坏性影响，蒙特韦尔德和其他地区的许多物种也深受其害。

这个范例告诉我们，个体的生理结构是由遗传过程，尤其是基因的遗传与发育可塑性（包括对环境的预测）共同决定的。可能的结果只有两种：个体要么与环境匹配，要么与环境错位。错位的程度越高，感染疾病的概率就越大（两者的关系不必总是成比例增长）。如果错位程度较低，我们至少可以暂时解决存在的问题，因为疾病的产生一定是由于超出了某种限度所致。很多夏尔巴人碘缺乏的结果只是甲状腺变得肿大，但是，许多夏尔巴人在发育早期出现的碘缺乏一定超越了他们身体可以承受的限度，才导致了呆小症的形成。

潜在的错位可以造成什么样的结果，往往取决于个人所处的环境。正如我们在前几章提到的，新陈代谢失衡加剧了罹患糖尿病和心脏病的危险，这都是由于营养不均衡以及久坐的生活习惯造成的。成熟错位引发了许多青少年疾病，婴儿喂养方式的错位增加了孩子夭折的可能性等等。

另一个疾病致因的范例

本书最重要的启示就是：人类的生理系统能对一系列的环境变化做出适应性的反应，但是个体的适应能力存在差异。同其他物种一样，如果人类个体所处环境超出其适应能力，就会罹患疾病。这种观点与流行的病原理论有本质区别，后者认为，人们患病是由于外界因素的影响而神秘地"形成"了某种疾病，或者他们出生的时候就携带致病基因。我们可以在很多病理教科书中（外伤、发炎、感染、中毒、整形、麻醉、代谢、基因、先天性疾病）找到这些典型致病因的详细描述。

19 世纪的罗伯特·科赫（Robert Koch）完整清晰地阐释了这种经典的病原学理论。他认为，主要的疾病如炭疽热和肺结核等都是病原细菌感染所致。19 世纪晚期，由于某些致病微生物的发现，医学研究先驱巴斯德（Pasteur）对科赫的观点给予了极大关注。此外，科赫的发现对病理学的发展也具有巨大的贡献。后来，阻止疾病传染的疫苗研制成功，科学家运用青霉素等成功治愈了被感染个体，并限制了传染病的蔓延，这进一步证实了科赫观点的正确性。流行病学强调寻找致病的外部因素，同时医药学也取得了巨大的成功。现在，每个烟盒上都带有健康提醒，毋庸置疑，这肯定了吸烟与心血管疾病和癌症的关系以及对胎儿发育的影响。

人们对于基因组序列将如何改变我们的生命这一话题也越发重视。毫无疑问，这是人类历史中最为重要的知识革命，但是目前它并没有给具体的问题带来解决方案——例如，我们尚未实现基于个体的基因型成功研制个人化药品，而有效的基因疗法也似乎并非触手可及。但是，关于基因组的研究已经为医药科学和制药工业带来了巨大的价值，我们会看到基于对这种知识的需求而带来的治疗手段的进步。但是对于常见的疾病还没有什么特效药，因为疾病并非完全由某个基因造成——不是一个基因导致了糖尿病、心脏病或帕金森症。

所以，有一种较新的观点认为：疾病作为人类正常生理功能的一部分，难免发作，它是由人类与貌似正常的环境间相互作用引起的。对于病理学学生来说，恐怕要在他们的课表上加上一堂有关疾病起源的新课程了。比较生物学已经确立了生物体适应范围的概念，并且有关物种（包括人类在内）的研究清楚表明，进化和个体早期的发育在很大程度上决定了适应的范围。从这个角度来看，如果个体所处环境超出了其所能应付或适应的范围，错位出现了，而疾病也必不可免。这种观点虽不适用于所有疾病，但是它确实解释了一些疾病的病理，如心脏病、糖尿病和骨质疏松症等。这些疾病既不是由某一个外在因素也不是由某一个基因导致的，是个体的遗传组成可以使其更易患上某些疾病。例如，发育过程出现的错位会导致患骨质疏松症的危险增大，而风险的大小取决于个体对维生素 D 受体的基因编码。

一个新的医学领域

本书的一个中心主题就是人类的进化和发育，发育生物学领域的新知识为个体控制发育的方式以更好适应环境带来了希望。除此之外，人们也开始重视环境因素影响基因表达这一新观点，这对于纠正基因中心论具有重要意义。正如我们所看到的那样，许多疾病都是个体的身体状况同环境的相互作用所致，而且有许多因素都可以影响这种相互作用。我们面临的实际问题是，我们必须要了解如何调节基因表达，探索环境和发育信号可以永久性或暂时性开启和关闭某些基因的范围，否则基因组革命就会失去意义。

这些观点与生态发育生物学（或者称为生态发育学）的研究不谋而合。生态发育生物学是对曾经的生物学理论的复兴，它同发育的分子研究（即进化发育生物学或进化发育学）尽管有关系但并不完全相同。生态发育学应用于人类医学研究的新理念正是本书的中心议题。生态发育学填补了二十世纪三四十年代现代综合论者留下的关于进化理论的空白，他们发现发育很难与基于达尔文理论的遗传学研究结果一致。那个时候，理解基因和发育的相互作用所需要的知识还未被人们所知，所以他们没有合适的框架来扩展他们的想法。此外，发育在本质上包括表观遗传变化——发育环境促使基因表达发生终身变化，其中包含着复杂的生物化学过程。

20 世纪前三分之二时间里，发育的复杂性和胚胎学被遗传学者严重忽视了，而这只在俄罗斯科学家舒马豪森和爱丁堡科学家瓦丁顿的研究成果中才有所表述。他们提出了很多关于环境影响发育可塑性的基本原理。发育可塑性允许一个基因型产生多种表型，更重要的是，它影响着个体能够成功适应的环境范围。DNA 研究的热潮掩盖了他们的研究成果，只是在过去的几年里，生物学家才开始重新把注意力集中在进化和发育的相互作用上。

进化原则在医学领域的应用仍是相对崭新的做法。1994 年，鲁道夫·奈斯（Randolph Nesse）和乔治·威廉姆斯（George Williams）出版了《我们为什么会生病——达尔文医学的新科学》。书中，他们从进化角度分析了人类疾病的起源。其中不乏真知灼见，但是却仍没有受到现代医学的重视，很多医学院都没有进化生物学的课程。奈斯和威廉姆斯甚至在前言中使用了"不当错位"这一术语。

我们自己的想法则更进一步。我们认为发育、基因和进化都应被考虑在内，这样才能形成完整地理解错位发展过程的观点。或许生态发育医学的年代就要到来了，这是一个从发育角度探讨我们患病原因的新学科。

新的表观遗传学为该理论提供了机械论基础。21 世纪初，人类表观基因组计划启动，其目的在于绘制出人类基因组中表观基因修饰的潜在位置。一个全新的研究领域正展现在我们的面前，表观遗传学还会不断为我们带来新的发现。为什么一些基因更容易被修饰？某个基因的启动子受到影响却不能影响另一个，这样的特异性是如何产生的？在特殊的发育时期，表观遗传学过程在不同的生物体中是以何种机制运作的？是否存在一些关键基因，这些基因在早期发育阶段的调节能够引起生物体选择特定的生活史策略？这是科学中一个引人入胜的领域，在今后几年中还将有长足发展。

生命历程理论对于理解错位引起的疾病或错位可能加剧的疾病具有重大意义。至少有三方面需要考虑：多种遗传因素、发育期环境以及目前面临的环境。我们无法仅从眼前的情况得知这样的疾病是如何起源的，其后果是什么，就好比我们不能透过车窗窥测出车上的乘客从哪里来、到哪里去一样。生命历程方法是需要花费时间才能做到的，如果政府或健康管理部门想要迅速得出结论，那么此方法则不合适。然而，错位范例作为生命历程理论的一部分，在理解疾病起因方面是有所帮助的。它能够解释其至预测健康和疾病的类型——从西方国家国民饮食过量的后果到经济迅速转型期的其他国家国民出现的疾病。这种方法可能是短期内解决问题的关键，因此短期政策的决策者对此非常关注。如果生命历程理论仍然不受重视，社会将要付出更大代价。

错 位 的 挑 战

那么我们应该做些什么呢？通过推理，本书得出的结论就是，要改善人类生活条件，我们就必须提高人类成员生理与当前及未来环境匹配的程度。这不仅会使他们更健康，提高它们的生命质量，也能降低其后代患病的风险。

但是我们能够降低错位的程度吗？在某些情况下，我们可以做到，如我们能够降低新陈代谢失衡的程度，但在应对与成熟和寿命有关的错位时，我们恐怕就无法做到。但即使这样，我们也可以掌握将错位影响降到最低的方法。理论上，要想改善匹配，我们就要改变环境或改变生理条件。在 21 世纪，即使是在物资最匮乏的社会，也与农业社会前期的原始社会迥然不同。农业的发展使人类开始定居下来，而人类的定居增加了人口密度，并导致社会阶层的出现和社会的复杂化。农业和定居也使人类营养不良和感染疾病风险增大。这些问题在 18—19 世纪的工业革命时期和 20—21 世纪的科技大发展时期变得更加棘手。我们生活的环境所要求的新陈代谢等能力，已经超越了人类在过去的 1.5 万年生理进化中达到的水平。我们通过基因遗传和文化传承获得的重要品质之一，就是改变环境的能力。因此我们需要再次改变环境，使其与我们的生理特点更好地匹配。这不是说我们必须回到新石器时代的水平，但是这确实意味着我们必须注意改变家园、工作地点的环境，以及增加每天的锻炼量。我们必须更加注重提高营养，摄取更健康的饮食，饮食均衡，从而使环境与自身生理结构匹配。

本书中，我们也探讨了改变其他导致错位的因素（即我们最基本的身体构造）是否存在可能性。在第二章提到的遗传因素中，似乎改变基因、遗传基因型的可能性不大，因为他们都是人类几千年进化的产物。除非基因疗法发展到可以广泛改变人类基因组的程度，而且人们也能从道德上接受这种改变。最好的结果是，这些方法可以解决由单个基因缺陷引起的疾病，如囊性纤维化病。然而，大多数人类疾病的原因都要复杂得多，因此要利用这种方法治愈困扰人类的多数疾病恐怕还需假以时日。

然而，我们或许能够改变遗传的表观因素，因为它构成了基因型与环境间的交互。我们已经知道了很多有关这些表观因素改变的过程信息，因此很有可能开发出能够改变基因表观表达的环境工具。本书前面曾经描述过一个实验：使营养不良的新生幼鼠相信自己比实际要胖，导致其发育方式发生改变，使其可以免于在之后的生命中摄取过高脂肪。即使像增加饮食中的叶酸这样非常微妙的营养改变也能够产生巨大的影响，对此，科学家们还在继续研究，以确定这在人类身上同样适用。

探讨表观遗传过程的意义在于，人们可以在生命早期发现这些表观遗传过程，即使疾病等状况要在以后才会出现。因此，我们能够直接地探测到这些信号，例如年轻人体内甚至新生婴儿胎盘内基因甲基化物的改变。这样，我们可以为这些人提供改善生活方式的建议，或者及时进行预防治疗，以降低其生命后期可能出现由错位导致的疾病风险。

我们在关注表观遗传过程的同时，不能忽视生命早期阶段对个人的重要影响。在受孕早期和受孕期间我们都应进行干预。由于人口量大，这真的是一种挑战。因为即使在发达国家，大约一半的受孕也都是无计划的。任何以人口为基础的解决方法都需要生育年龄的女性优化饮食、改善身体状况。更重要的一点应该是减少青少年受孕率，这对于许多发展中国家来说是一个重大问题，因为在那些国家中，女孩于青春期便要出嫁。我们需要更加仔细地监测人们在婴儿期及童年早期生长情况，尤其是那些出生时比同龄人明显矮小或高大的孩子。这种干预的方式在实践中具有一定的难度，因为对于女性和儿童的文化态度在全球范围内差异很大。

由此可见，我们不能忽视文化传承的方式，因为文化传承能够影响后代。母亲、祖母或外祖母、姑妈或姨妈告诉其孩子、孙女、外孙女、侄女或外甥女的信息，能够大大影响这些后辈的生活方式。不论我们是否相信绝经期在进化过程中赋予了祖母辈一个特殊的角色，但毫无疑问，祖母们起到了顾问的重要作用，在改善或损害母婴相互作用方面非常重要，进而也影响着孩子的生命历程。出生时体形较小的孩子更有可能存在认知缺陷，但是如果母婴互动程度很高，这种缺陷就可以被克服，认知功能就能正常发育。在许多社会环境下，婴儿出生体重低的比率很高，但很多低体重婴儿还在褓褓中时，由于母亲要返回田间耕作或回到工厂上班而与母亲的互动很少。

即使在发达国家，人们也不能完全承受这些问题带来的代价。然而，它们在一些发展中国家出现了。我们知道经济转型会增加人们新陈代谢错位的负担，但这并非我们第一要关心的事，因为经济的发展重于一切。经济转型可能带来的问题并没有眼前的问题那么引人关注，目前解决疟疾、艾滋病、不安全食品、不健康的饮水资源和母婴死亡等对我们来说似乎更为重要。但是要制订促进社会经济转型的计划，我们就必须同时关注将其负面作用降到最低的方法。

因此经济转型会造成难以抉择的局面。在世界上许多地区，如印巴次大陆，某些人在童年时就患上了肥胖症，并且由于长期缺乏锻炼，营养过剩，最终导致糖尿病和心血管疾病的出现。同时，人口中较贫困的人群更易发生身材矮小和营养不良的问题。有时候，两个群体的人会在同一所学校上学，接受同一种社会干预策略。问题是，对于富足人群的孩子来说，适量运动和节食无疑是解决问题的方法，而对于贫困群体的孩子来说，这样做则会使问题更糟。对于贫困群体的女孩来说，这样做会降低其新陈代谢能力，使她们不能在最佳的状态下怀孕，结果，问题就会又传递给下一代。在贫富皆有的群体中，任何一个公共健康服务机构要设计出恰当的干预计划都非易事，要具有一定的创造能力才能做到。有了这种意识以及慢慢积累起来的干预基金，相信这些问题的处理会越来越顺利。我们也必须记得一定要有的放矢地处理问题，没有放之四海皆准的处理方法。

我们能够通过进化解决错位吗？

本书中已经讨论了很多进化过程以及进化过程是如何运作以便优化匹配程度的问题。目前，我们已经掌握了许多例证，证明生物世界的进化是在惊人的极短的时间内完成的。那么，达尔文进化理论是否能够解决我们面临的许多错位问题呢？

如果我们可以通过进化解决某种情况的错位，这些方法也不能减少错位在人们完成生育后的人生中的影响，因此很不幸，进化不能解决由于寿命延长而产生的错位问题。而选择只是为了提高生物的发育适切性，除此之外，选择不会再起作用。快速进化只有对生存（进而对生育适切性）产生极大影响时才可能出现。但是由于医学、公共卫生、科技及环境控制的发展，即使错位出现在生命的前期和中期，也不能影响我们生育后代的能力。

只有当肥胖症的影响非常严重而现代医学又无法解决，导致许多年轻人在成家前就死于复杂的新陈代谢综合征——这种现象似乎只存在于科幻作品中——那时我们才能够认真思考自然选择对于人类的未来发展究竟意义何在。尽管当我们面临传染病肆虐或核冬天时，选择会对人类这一物种产生极大影响，然而减少错位对我们的影响的途径是科技、环境和文化的发展，而不是探讨达尔文的进化论。

改变需优先考虑的事情

我们知道本书中提到的某些观点必将招致反对的声音。尤其在西方，政策制定者天生就对需要较长时间才能奏效的方法表示怀疑（有人会说这是因为选举周期太短了），他们也会辩称他们面对着无数这样那样的请求，而短期内可以奏效的方法更可取，其投资收益率也更易计算。投资收益率的计算取决于所谓的"贴现率"，所以对母亲、胎儿和儿童的健康进行长期干预的投资收益率计算势必对其不利。经济学家就是利用"贴现率"来衡量某项投资的收益能力，我们也可以将其看作复利率计算公式中（正如抵押付款的计算中使用到的公式一样）同利率相反的因素。换句话说，健康干预的投资会抵消资本的增长，干预和收益之间时间间隔越长，贴现率的水平就越难设定，我们认为现在设定的贴现率往往过低。然而，健康干预有非常牢固的科学基础，虽然很难计算收益的准确数值，但无疑其收益将是十分巨大的。

此外，还有一个问题。制药业存在巨大的既得利益。其实，全体选民和医疗保健的关注点集中在治疗眼前的疾病也是有好处的。制药公司要收回药物研发的成本，因此他们往往关注影响世界多数地方的疾病，而且这些地方的政府和人民能够负担得起买药的费用。大多数临床医药的研发都是如此。甚至一些杰出的医学家都觉得生命历程理论很难接受，因为这一理论同传统的流行病学理论大相径庭。流行病学的研究方法在于找出疾病最直接或最相关的病因（如吸烟和肺癌之间的关系），而一些深层的原因则很难识别（如母亲怀孕期间吸烟会导致子女在后来患骨质疏松症）。前瞻性队列研究是个例外，但从定义来看，这种研究往往要耗时 70 年或更久才能将孩子出生前的情况与其老年时出现认知能力下降之间的关系量化，而这种 70 年前的研究同新一代怀孕之间的相关性仍存在争议。所以，这一领域的研究理论更易被人们所忽视。

由此可见，我们还是应该将更多的精力放在研究错位出现的原因和可能导致的后果上。这样的研究也必须以实验室的研究为基础，而且也有赖于表观遗传技术的突破。同时，临床研究也必不可少。但是，我们要注意，相关医疗研究和医疗护理的投入仍未引起人们的重视。

渔 夫 的 话

来自巴基斯坦的祖菲加·布塔（Zulfiqhar Bhutta）教授是世界最著名的也是最受人尊敬的儿科护理专家之一。他曾讲述自己在卡拉奇附近的一个村子里拜访一位贫苦的渔夫的经历。渔夫用几近哀求的口吻对巴塔说："教授，请帮帮我吧。我们的孩子生病了，他们甚至还没出生就已经得病了。"如果连这个渔夫都能知道人们出生前健康的重要性，那么卫生政策的制定者难道就不知道吗？但是，西方现有的公众健康政策中根本就没有相关内容。其实我们完全可以运用生命历程理论改善母亲、胎儿和婴幼儿的健康，降低慢性疾病的发病率。这些方法的人道主义情怀和益处再明显不过了。

人们应该投入更多的资源用于改善个体早期发育阶段的环境状况。在发达国家，这可能需要对收入所得税进行重新分配，除非我们能在国民生产总值中找到新的资源。对发展中国家来说，问题更显严峻，可能需要重新调配来自其他国家和慈善组织捐赠的资源。但这都意味着要减少对人类生育后生活和健康的资源投入，我们也不得不对人类社会资金投入的方式和优先分配问题进行重新评价。对年轻人，社会应该给予更多的关注。

但是本书为我们解决错位问题提供了乐观的前景。错位范例并不都是源自遗传（或基因），否则，错位的解决更将举步维艰。错位的形成还要涉及发育和环境的因素，而我们可以对发育过程和所处的环境进行干预，从许多方面改善我们的生活。

尾 声

昂·巴桑（Ang Pasang）是一位村长，他的村子位于海拔 4 000 多米的喜马拉雅山谷。他还是一名勇敢的登山者和卓越的领袖，他曾经多次领导夏尔巴登山队成功征服了一个又一个高度，他的队员包括来自世界各地的登山爱好者。巴桑有 3 个儿子，可怜的长子是严重的呆小症患者，患有脑性麻痹和严重的智力缺陷，在童年时就不幸夭折。巴桑的次子是个非常可爱的年轻人，但却是既聋又哑，而且，他也患有呆小症，但是没有他哥哥那么严重。三子次仁（Tsering）是全家唯一的安慰，他聪明、活泼、充满热情。巴桑的 3 个儿子为什么会这样？为什么长子和次子不同程度地受到疾病的困扰，而三子却安然无恙呢？事实是，昂·巴桑每次登山归来都会带回一些外国的食物，这些食物富含碘元素，他妻子体内的碘元素因此逐渐升至正常水平。结果是，他们的次子受碘元素缺乏的影响要远远小于他的哥哥。而当巴桑的妻子怀有次仁时，碘元素缺乏症已经不复存在了，因此次仁十分健康。他对碘元素的生理需求得到了满足，因此错位也已经不复存在了。

译者感言

《匹配 or 错位》一书终于要出版了，心中的喜悦难以言表。回忆这半年，感觉翻译真是件让人既痛苦又快乐的事情。有时，为了斟酌一个词或是一句句子，彻夜难眠，还常追着老公问："你看，我是这么说好还是那么说好？"但是，随着翻译的推进，感觉自己仿佛被作者带入了人类进化的奇妙之旅，翻译的痛苦也被这冲淡了许多。如今，翻译的痛苦早已忘却，只有对它出版的期待了。

在这里我要感谢每一位为此书的完成付出努力的人。首先，我要感谢我的合作者温华川先生、赵巍女士和李悦女士。其次，要特别感谢中国医科大学医学博士宫大鑫先生和周玉斌先生在专业知识方面给予我的指导。当然，这也离不开我的挚爱崔修滨先生的理解和支持。还有，我的好友薛光大、李丽和王鹏远在资料查阅方面给予我的无私帮助。

李　静